U0136430

# 英國王妃 也在用！
# 產後身體調校全書

The Complete Guide to Postnatal Fitness

茱蒂・迪佛雷 Judy DiFiore 著

# 目錄

前言

# 產後塑身不同於一般塑身，做對就能瘦得沒有後遺症！

婦女在懷胎 **9** 月、孕育新生命的過程中，身體會經歷許多複雜又奇妙的變化，媽媽的體態不可能在寶寶一出娘胎，就自動恢復苗條，這就像是要求新手媽媽變身為天生的育兒高手一樣，實在強人所難。

不僅如此，媽媽們也常會受到新聞媒體的影響，給自己不必要的壓力，一心急著想要趕緊瘦回來。我們應該要鼓勵媽媽們，先感謝辛苦完成分娩的身體，感謝自己的身體為生命帶來美好的禮物，好好坐月子、享受育兒生活。這當然不是說媽咪們產後就可以放心縱容自己，毫不在意地任隨身材走山。

身為一個健身教練，有責任「拯救」產後媽媽，給予正確建議、引導媽媽們懂得安全地運動。特別是急著在產後積極展開運動，甚至是進行不合適的項目，是很可能造成身體的長期性傷害。要恢復原本的結實體態與正常體重的話，應該要設定較長遠的目標，讓身體可以健康又緊實漂亮。

相信會閱讀此書的你，一定是希望能以正確知識來恢復身材。而另一方面，我們則是擔心媽咪們找到不懂產後塑身、對此領域也沒興趣了解的教練。根據統計，產後婦女大多會參加一般健身中心的瘦身課程，教練有義務提供正確的指導，而不只是在旁邊說：「身體放輕鬆。」這種無建設性的話。這樣不稱職的教練雖然不是存心故意害媽媽們做錯，但真的是很危險！

產後婦女的塑身，要特別注重媽媽們身體的特性。很少人知道媽媽們在經歷生產的巨大變化後，身體仍舊相當脆弱，特別是有餵母乳的媽媽更要小心。塑身的重點，應該是先恢復原有體態，讓不穩的腰、骨盆、關節等恢復如初，以及調整因為懷孕而改變的姿勢。

由於懷孕會讓肌肉變得不平衡，施力的方式改變等等，這都應該在瘦身之前調整回來。此外，在日常活動中，媽咪們也要懂得正確使用自己的身體。像以上這些細節，教練們都應該要盡可能納入教學之中，而不是一味地增加運動量。

媽媽們應該在完成產後檢查之後，再開始正式的塑身運動，產後回診檢查通常是在產後第 **6** 週左右，而剖腹產的媽媽則最好延後幾週再開始。

# 本書使用說明

我們希望各位可以從頭到尾讀完，有需要的時候也可以直接跳到需要的章節，因為本書的所有章節皆可以各自獨立操作，也可以互相搭配應用。

**Chapter 1 ～ 6**，我們會先探討懷孕與分娩對生理結構的影響，這些變化對產後運動會產生什麼作用，以及要進行何種運動，才能幫助身體更快恢復。讀者一定要了解這些的內容。

**Chapter 7 ～ 13** 會進入運動的部分，主要是心肺與阻力訓練的方法，以及一系列具體的塑身課程，完全是為了產後的媽咪所設計的。

最後，在此先作說明的是，接下來文中所提到的產後初期，是指分娩後 **6** 週，超過這段時間後，均算是產後後期。

# 跟著本書做運動，好處多多！

## 全面調整姿勢

· 增進下腰與骨盆的穩定性。

· 修正因為懷孕而產生的不良站姿。

· 強化鬆弛的肌肉。

· 伸展變短的肌肉。

· 矯正不平衡的肌群。

· 增加餵奶與抱孩子時對身體姿勢的覺知。

· 提高對背部、腹部和骨盆腔的保健意識。

## 實際有感的好轉狀態

· 增進下腰與骨盆的穩定性。

· 讓身體有更多的力氣與耐力可以進行日常的活動。

· 提高體能的狀態。

· 有更多的體力照顧新生兒的需求。

· 減少疲勞、提高能量。

## 對整體健康的功效

· 提高免疫力。

· 增進睡眠品量。

· 改善血液循環與自我療癒能力。

· 改善消化。

## 有助身體運作的效能

· 增加肌肉質量。

· 提高新陳代謝率。

· 增加熱量的燃燒率。

· 加速脂肪消耗。

## 身體快樂，心也打開

· 增加腦內啡的分泌。

· 強化自我形象和自信心。

· 個人滿足感與成就感。

· 加強自我認知。

· 強化人際關係 。

## 避免產後運動的風險

- 容易疲勞、造成身體虛弱。
- 因為關節寬鬆而受傷。
- 下腰與骨盆不穩而受傷。
- 練習或技巧不當而受傷。

## 認識產後也傷身的運動禁忌

- 關節或骨盆發生疼痛。
- 傷口尚未癒合、身體不適。
- 過度疲勞。
- 腹直肌嚴重分離。

# 先認識！本書的重要名詞解釋

**Knack**：骨盆底在用力前時自主收縮的動作（例如咳嗽、打噴嚏、用力抬起物品）。

**三角肌（deltoids）**：肩頭上的肌肉。

**內收肌（adductors）**：大腿內側肌肉。

**內側廣肌（vastus medialis）**：四頭肌群的肌肉，特別負責膝蓋伸展的最後**15**度。

**內縮訓練（inner range training）**：一種訓練方式，用來縮短因姿勢改變拉長的肌肉（例如：腹直肌必須用力收縮到最短）。

**分腿站姿（split stance）**：一腳在前、一腳在後，雙腳與臀部同寬。

**比目魚肌（soleus）**：小腿的深層肌肉。

**主動式伸展（active stretch）**：運用另一塊肌肉來達到拉筋效果（例如：由身體主動拉長肌肉）。

**主動肌（prime mover）**：負責關節動作的重要肌肉。

**去神經（denervation）**：失去神經供給。

**外展肌（abductors）**：臀中肌和臀小肌。

**本體感覺（proprioception）**：身體因應刺激時對位置的感覺。

**白線（linea alba）**：位於腹部中線下緣的的腱狀帶，是由腹部肌肉的腱膜聚合而成。

**交互抑制（reciprocal inhibition）**：肌肉放鬆以利作用肌動作的過程。

**伐式操作（Valsalva manoeuvre）**：呼氣時強迫空氣從閉鎖的呼吸道排出，以增加胸內壓力。

**多裂肌（multifidus）**：脊椎的深層肌肉，和腹橫肌一起穩定腰薦骨盆。

**肌動蛋白（actin）**：人體中有兩種負責肌肉收縮的蛋白，肌動蛋白為其中一種（另一種為肌凝蛋白）。

**肌凝蛋白（myosin）**：人體中負責肌肉收縮的蛋白質，另一種為肌動蛋白。

**坐骨（ischium）**：骨盆較厚、較低的部分，向下連接坐骨結節。

**坐骨神經痛（sciatica）**：臀部疼痛，可能往下延伸至腿部後側。

**尾骨（coccyx）**：由四塊椎骨結合，與薦骨連結， 經常被稱為尾椎骨（**tailbone**）。

**步態（gait）**：走動時四肢移動的樣子。

**乳腺炎（mastitis）**：乳房排空速度追不上乳汁分泌速度，造成乳房組織發炎。

**初乳（colostrum）**： 孕期和分娩後前幾天的黃色乳汁。

**泌乳素（prolactin）**：刺激乳汁分泌的荷爾蒙。

**括約肌（sphincter）**：控制開闔的一圈肌肉。

**柔軟度訓練（flexibility training）**：增加關節活動度的運動。

**活動度（mobility）**：關節的自然活動幅度。

**哺乳期（lactation）**：產出母乳的期間。

**恥骨（pubis）**：骨盆前方的骨頭。

**恥骨聯合（symphysis pubis）**：連結兩個恥骨，位於骨盆前方的關節。

**胸肌（pectoral muscles）**：胸部的肌肉。

**胸椎（thoracic spine）**：背部中段的十二根椎骨。

**脊椎中立（neutral spine）**：自然、正確的脊椎正列，讓人體系統能夠發揮最佳效能。

**骨盆底（pelvic floor）**：骨盆底部的肌肉層。

**骨盆底肌群（pelvic floor muscles）**：局部穩定肌群的一部分，是維持腰薦骨盆穩定的關鍵。

**骨盆帶疼痛（pelvic girdle pain）**：泛指骨盆部位的疼痛。

**斜方肌（trapezius）**：頸部與上背的三角形肌肉。

**梨狀肌（piriformis）**：臀部的深層外轉肌。

**痔瘡（haemorrhoids）**：肛門靜脈擴張。

**脫垂（prolapse）**：膀胱或直腸膨出擠到陰道壁，或子宮垂到陰道。

**閉鎖鏈式運動（closed chain exercise）**：運動的肢體固定，關節只能以固定方式移動。

**陰部神經（pudendal nerve）**：負責啟動骨盆底肌肉的神經。

**提肛肌（levator ani）**：骨盆底的深層肌肉。

**發展式伸展（developmental stretching）**：增加活動度的拉筋運動。

**筋膜（fascia）**：分開肌肉組織、包繞肌肉的結締組織。

**結締組織（connective tissue）**：連結、支撐身體結構的組織（例如：肌腱、韌帶、軟骨、筋膜）。

**腓腸肌（gastrocnemius）**：小腿的大肌肉。

**腕隧道症候群（carpal tunnel syndrome）**：手腕的正中神經被壓迫，導致拇指、食指、中指有刺麻感。與水分滯留有關。

**開放鏈式運動（open chain exercise）**：運動的肢幹可以自由朝任何方向運動。

**韌帶（ligaments）**：支撐關節與器官的結締組織。

**黃體（corpus luteum）**：卵巢濾泡的外層，在排卵後會留下來。

**黃體素（progesterone）**：女性荷爾蒙，對月經週期來說很重要。女性懷孕時會大量分泌黃體素，負責放鬆平滑肌。

**會陰（perineum）**：肛門與陰道間的區域。

**腰椎（lumbar vertebrae）**：下背部的五個椎骨。

**腰椎前凸（lordosis）**：腰椎和頸椎過度向前彎曲。

**腱膜（aponeurosis）**：位於腹部，薄片般的肌腱，將腹部肌肉組織和白線連結在一起。

**腹凸（doming）**：腹直肌分離，肌肉收縮造成腹壁凸起。

**腹直肌（rectus abdominis）**：腹部中間的兩塊

肌肉，上下貫穿腹部中央，在懷孕過程中劇烈拉長和分離。

**腹直肌分離（diastasis recti）**：腹直肌拉長、分開。

**腹直肌檢查（rec check）**：檢測腹直肌分開寬度的程序。

**腹斜肌（obliques）**：腹部的兩層肌肉，分別是腹內斜肌與腹外斜肌，負責身體軀幹的扭轉與彎曲。

**腹腔內壓力（IAP；intra-abdominal pressure）**：腹橫肌、橫隔膜、骨盆底肌肉、多裂肌同步收縮時造成的壓力，可支撐脊椎。

**腹橫肌（transversus abdominis）**：最深層的腹部肌肉，負責壓制腹壁、穩定腰椎。

**運動自覺量表（rate of perceived exertion）**：以主觀方式評估運動強度。

**雌激素（oestrogen）**：一種女性荷爾蒙，對月經週期相當重要，懷孕胎兒成長時，會大量分泌。

**膝蓋交角（Q angle）**：臀部至膝蓋的股骨與髕骨的角度。

**膠原（collagen）**：結締組織的主要成份。

**駝背（kyphosis）**： 胸椎和薦骨向後異常彎曲的俗稱。

**骶髂關節（sacroiliac joints）**：骨盆後方的兩個關節，由髂骨和薦骨聯合組成。

**橫隔膜（diaphragm）**：分隔腹部與胸腔的肌肉。

**靜脈回流（venous return）**：流回心臟的血流。

**靜脈曲張（varicose veins）**：靜脈腫脹加上瓣膜閉鎖不全，無法讓血液正常往單一方向流動。

**頸椎（cervical vertebrae）**：頸部的七塊椎骨。

**縫（raphe）**：兩個對稱結構之間的聯合，例如白線。

**臀大肌（gluteus maximus）**：臀肌群中最大塊的肌肉，一般稱為臀部。

**臀中肌（gluteus medius）／臀小肌（gluteus minimus）**：骨盆側邊與背面的肌肉，合稱為外展肌。

**臀肌（gluteals）**：覆蓋臀部關節和大半骨盆的肌肉群。

**薦骨（sacrum）**：由五個連結椎骨形成的三角形骨。

**闊背肌（latissimus dorsi）**：背部中央與下方寬闊的肌肉。

**雙手把式嬰兒推車（cantilever buggy）**：手把像彎鉤形狀的推車。

**鬆弛素（relaxin）**：孕期會大量分泌的一種荷爾蒙，增加結締組織的彈性，降低關節穩定度。

**關節活動度（range of motion）**：關節活動的幅度。

**髂後上棘（posterior superior iliac spines）**：髂嵴後方的骨狀凸起。

**髂骨（ilium）：**形狀像翅膀的骨盆骨頭。

**髂骨上棘（ASIS）：**髂嵴前方的骨頭關節。

**髕骨（patella）：**膝蓋骨。

**髖臼（acetabulum）：**杯狀的凹槽，與股骨頭相連。

**髖屈肌（hip flexors）：**將下脊椎、骨盆，以及股骨上端連結起來的肌肉，也稱為腸腰肌（**iliopsoas**）。

# Chapter 1 認識產後的身體

## 一定要認識的骨盆部位

### 骨盆的結構

媽咪們孕育生命的骨盆，主要是由 **4** 塊骨頭所組成的，分別是 **2** 片髖骨，加上薦骨和尾骨；每片髖塊骨頭再由 **3** 塊骨頭所結合，也就是髂骨、坐骨與恥骨。髖臼是深凹的形狀，包著連接大腿骨的圓形股骨頭。

• 髂骨是最大的部分，形狀扁平像翅膀，讓肌肉有很大的附著表面；雙手插腰放在骨盆上方時摸到的，是髂骨上面的邊，名為髂嵴；往前方摸到髂嵴尾端的突起點，稱為髂前上棘。媽咪們要維持正確姿勢，只要讓骨盆這幾個地方都保持水平對齊即可。

• 坐骨因為是人類坐下來時與座椅接觸的位置而得名，位在骨盆下方。

• 恥骨位在骨盆的前方，而左右兩邊的恥骨，在骨盆正中間做連接，連結的部位就叫作恥骨聯合。

• 薦骨是一個由 **5** 個椎骨所組合成的三角形骨頭，透過薦骨兩側的骶髂關節與髂骨連結在一起。

• 尾骨是由 **4** 塊椎骨堆疊而成的骨頭，在骶尾關節處和薦骨相連接。

圖 1-1　骨盆正面解剖圖

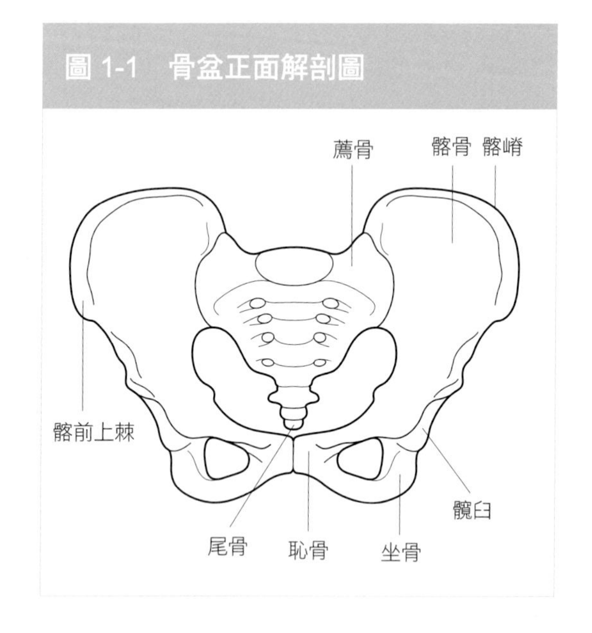


### 認識骨盆關節

骨盆是由兩邊對稱的骨頭所組成，有兩個關節，前面是恥骨聯合，後面則是骶髂關節。

• 恥骨聯合是 **2** 塊恥骨的連接處，所以稱為恥骨聯合，中間隔著一塊像是椎間盤的軟骨，關節約有 **0.4** 公分寬，移動範圍很小，只有在懷孕時才會有較大幅度的移動。

• 骶髂關節位於髂骨與薦骨之間。這是人體內最強的關節，得承受來自上半身的壓力與下半身的地面反作用力。

• 骶尾關節位於薦骨與尾骨之間，因為有這

圖 1-2 骨盆關節韌帶位置圖

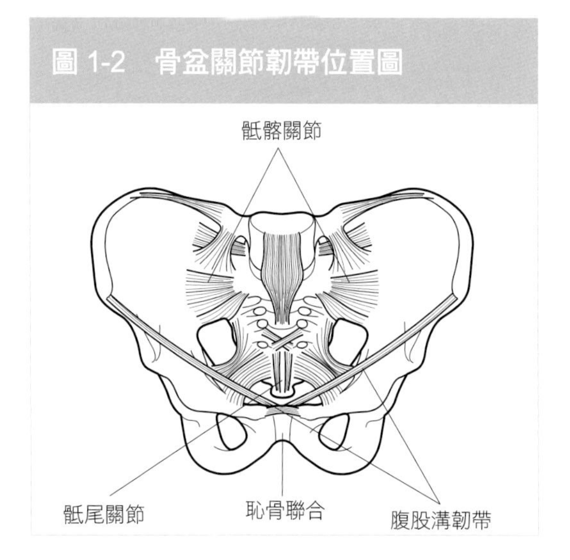


圖 1-3 骨盆的閉合形狀在關節處，形成一股自然的壓迫力量，增加穩定性。

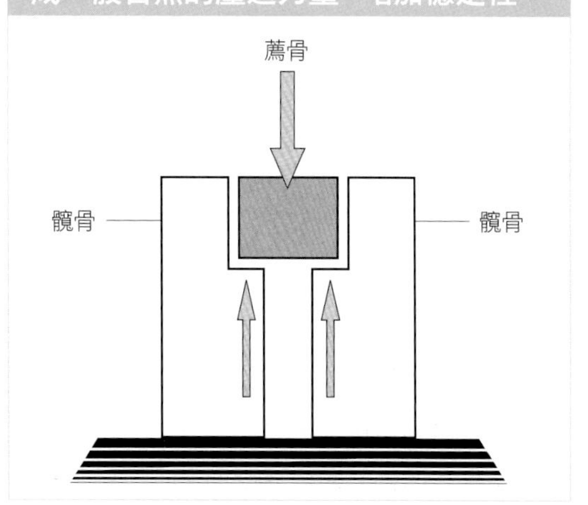


個關節，尾骨才能做小幅度的彎曲與延展，讓骨盆出口在媽媽們分娩時可以變大。

## 骨盆的穩定機制有 2 種

一種是「形狀閉鎖」，由關節、骨頭與韌帶的形狀組織結構而產生；「力量閉鎖」則來自於肌肉與筋膜的共同作用。這兩道機制可以避免關節過度運動，並加強關節的穩定，尤其對媽媽們懷孕時的骨盆穩定是非常重要的。

### 形狀閉鎖機制是如何穩定骨盆？

骶髂關節的結構產生很好的形狀閉鎖，三角形的薦骨嵌在兩塊髖骨之間，剛好固定住，加上不規則的形狀與骨頭表面粗糙的紋理，都可以讓關節更加牢靠。關節內邊的表面覆蓋著平滑的軟骨，這樣關節在滑動時便能更加順暢，柔軟而堅硬的韌帶也是支撐的力量之一。

恥骨聯合產生的閉鎖力量小上許多，因為這個關節比較扁平，也沒有滑液囊，只是靠著纖維軟骨連接兩邊的恥骨。它無法像骶髂關節阻擋外力，骶髂關節排列正確時可以幫助穩定，不過大都還是依賴肌肉系統的支撐。

### 力量閉鎖機制是如何穩定骨盆？

如同上面所說的，骨盆的結構可以在關節處自然形成壓迫的力量，不過還是需要適度的空間，讓關節可以活動。這時就得靠關節周圍的肌肉，在動作時產生力量閉鎖，增加關節處的壓迫力量；每個人需要的力量閉鎖大小不同，要看形狀閉鎖的尺寸來決定。

骨盆上依附著許多肌肉，這是為了增加下腰與骨盆的穩定性，但是恥骨聯合與骶髂關節就沒有這樣的好條件。以恥骨聯合為例，它僅有來自橫越過恥骨聯合的內收長肌與腹肌腱膜。

圖 1-4　骨盆的肌肉如何穩定骨盆？

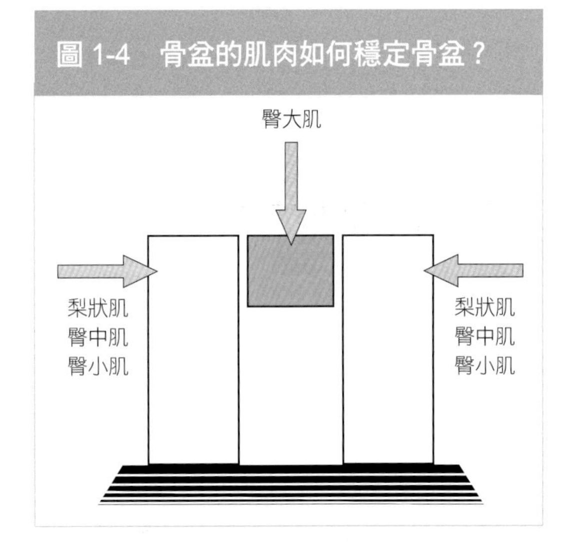


而上面的骶髂關節也只有梨狀肌穿過；梨狀肌源於薦骨的前側，附著在股骨大轉子，是臀部深層的外旋肌群。我們將會在後面章節討論這些狀況會產生什麼樣的作用。

**懷孕時，骨盆變得不穩定**

媽咪們在懷孕時，關節會漸漸變鬆，骨盆的結構改變，因而大大的影響到骨盆的穩定性。骨盆的韌帶因為懷孕所分泌的鬆弛素而放鬆，使得產道的開口變大，以幫助孕媽咪能夠順利自然產。

鬆弛的韌帶會減弱形狀閉鎖的作用，降低對關節的支撐力，好讓關節的活動範圍變大。隨著體重增加與胎兒成長的壓力，會更加劇骨盆的不穩定。在懷孕與分娩時，恥骨聯合可以擴張到 **1** 公分的大小。

韌帶的支撐力變弱之後，維持骨盆穩定的任務便由肌肉接手。所以，懷孕的時候，身體大多是靠肌肉系統在支撐。

## 孕婦常有骨盆帶疼痛

泛指骨盆部位發生的問題，可以單指骨盆或是包含下背部一起產生的疼痛；這很常見於懷孕婦女，對媽咪們的生活造成相當大的影響與不適，而且大約是每 **5** 位孕婦就有 **1** 位發生這樣的困擾。

## 鬆弛素

**什麼是鬆弛素？**

鬆弛素是一種荷爾蒙激素，不管有沒有懷孕都會分泌，沒有懷孕時與懷孕初期是由黃體所製造（黃體是排卵後由卵泡迅速轉變成充滿血管的腺體組織）。

到了懷孕中期，胎盤與蜕膜（懷孕後的子宮內膜改稱為蜕膜）便會接手製造鬆弛素。隨著生產時娩出胎盤便會停止製造，等到月經週期開始才會恢復；鬆弛素在懷孕中、後期與多胞胎的孕婦身上濃度較高。

**懷孕時增加分泌的鬆弛素，對身體有何影響？**

懷孕時，結締組織中的膠原蛋白成分會大大改變；膠原蛋白是結締組織中最主要的蛋白質之一，存在於骨骼、軟骨、肌腱與韌帶之中，讓身體有足夠的強韌度可以對抗拉力。另外，還有一種可以增加結締組織強韌度的蛋白質，稱為彈性蛋白。當鬆弛素濃度提高，會改變膠原蛋白的結構，使得韌帶強度變弱變鬆，關節的穩定便首當其衝，因為韌帶無法提供像懷孕前一樣的支撐力。

每位孕媽咪受到的影響不一樣，這是因為鬆弛素的濃度不是唯一的決定因素。像是有些女性的膠原蛋白天生就長得不好，而有關節變形的問題，她們懷孕時的風險就會提高很多。

韌帶彈性幅度增加，會帶給骨盆關節更寬鬆的移動範圍，加上薦骨向前傾斜，胎兒便可以有更大的成長空間。最後，依據胎兒出生的胎位，骨盆擴張的幅度可達 **28**%。

### 哪些關節會承擔最大的風險？

身體所有的關節都會受到影響，骨盆因為會接收最多的鬆弛素，因此會承受最大的風險。形狀閉鎖與力量閉鎖產生的支撐力會降低，加上胎兒逐漸成長所帶來的重力，都會讓骨盆關節變得特別脆弱。

然而，運動時，不只骨盆關節，所有的關節也都很容易受傷。所以，媽咪們要特別小心足踝、膝蓋、臀部、手腕、手肘與肩膀關節等等部位，不受到重壓或是重複性的運動傷害。

### 肌肉會受到鬆弛素的影響嗎？

結締組織周圍有許多肌肉纖維，合併在一起之後向外延展，形成強韌又缺乏彈性的肌腱。懷孕時期，因為身體膠原蛋白的結構變化，使得肌肉與其他連結的組織有更大的活動範圍。腹部肌肉會出現有生以來最大的變化，會不斷地延展以容納越來越大的子宮；骨盆底肌肉在孕期也必須承受持續增加的壓力，分娩時，更會被用力地拉開。像這些變化，會大大降低肌肉原本給予身體的支撐力，肌肉功能也會受到影響。

### 分娩後鬆弛素會有何變化？

鬆弛素的製造會在胎盤娩出後便會停止，但是結締組織已經發生的改變，則必須等到新的組織細胞生成之後，才會復元。許多醫生認為產後 **6** 個月仍舊會持續發生鬆弛的現象，因此產後的運動，都要考慮到這點。

### 關節的穩定度會恢復嗎？

如果關節在孕期受到過度延展，韌帶可能無法恢復原有的強度。不過，好好照護的話，在鬆弛素的影響消失後，韌帶是可以復元如初。嬰兒出生後，骨盆已經不用承受重大的壓力與風險，但是產後運動仍舊會對這個部位產生很大的影響，應該要緩慢進行才是。

餵母乳可能會讓鬆弛的現象持續作用，直到斷奶後才會停止，泌乳激素會抑制雌激素的製造，導致結締組織無法恢復原有的強韌度，延長關節的不穩定性。雖然母乳媽媽的虛弱情況會延長，但是關節穩定性會在斷奶後 **3** 個月有所改善。

## 各種產後運動的注意事項

因為鬆弛素的關係，所以產後運動要注意下面這幾個方面。

### 小心保持關節的穩定

要保護關節不要發生運動傷害，媽媽們的動作都要在關節可以承受的正常範圍之內，也要考慮運動時的速度。特別是拉桿運動，因為速度會增加動力，很容易造成關節過度延展；像是空手道、搏擊有氧運動與踢拳道等等，也都可能因為速度快而受傷，動作不熟練也可能扭到或拉傷關節。新手媽咪最好避免參加阻力訓練課程；熟練的運動媽咪在骨盆恢復原有的穩定性後，可以重回孕前的訓練。

屬於伸展強度大的瑜伽，要注意避免讓不穩的關節過度延展；而要大力扭動臀部的騷莎舞，可能會危及骨盆關節的穩定，但是可以有助於釋放胸廓的壓力。總而言之，產後婦女要特別注意骨盆穩定，復元良好再參與這類型的課程。

### 注意保持身體的正列

媽媽們在做任何動作時，都要保持「身體正列」，同時也要使用正確的技巧，一定要避免手肘與膝關節發生卡住或是過度延展的情況，站立時要讓脊椎保持在中立的位置。

關節需要重複一直動時，像是踩踏步機或是心肺功能訓練機，整個過程都要密切觀察身體的反應，動作範圍可作適度調整，不要讓骨盆發生錯位的現象。踩飛輪時，若是坐墊的高度不正確可能會對恥骨聯合或是骶髂關節造成壓力。此外，當運動姿勢會把體重壓在膝蓋上時，膝蓋交角會增加，而影響膝蓋的正位。

#### 「正列」是什麼？

正列（alignment）為解剖學名詞，即雙腿之上的骨盆、軀幹（脊椎和胸廓）以及頭相疊成一直線。在重力影響下，身體上半身重量垂直經過骨盆，平均分配於兩下肢。為使重力均等分散於足底，重力線應平均垂直成一直線。此直線性的「身體結構」稱之為身體正列。日常生活之中有很多非對稱性的活動，容易導致身體重力線歪斜、不正或失去平衡。伸展運動和矯正體操等，扮演著統整身體正列的重要任務。

（資料來源：中華民國國家教育研究院網站）

### 伸展、加強靈活度要注意的事

伸展動作可以增加身體的靈活度，但是要等到分娩後 **16** ～ **20** 週之後再進行才行，哺餵母乳的媽咪時間要拉更長，硬是伸展超過關節正常限度的範圍，可能會嚴重減損關節的穩定度，過度延展的韌帶也有可能回不來，變成永久性的傷害。

特別建議大家可以做維持肌肉長度的伸展動作，這可以重新調整姿勢，對身體的平衡是非常重要的一環，維持舒服的伸展姿勢 **30** 秒，這樣的時間剛好，不需要伸展更久。一些瑜伽老師會要求學員過度伸展，並且要撐住好一段時間，像這種狀況，產後的頭幾個月要特別小心，瑜伽老師應該幫媽咪學員找出其他的替代姿勢才對。

### 避免高衝擊性的運動

產後的頭幾個月先不要進行跑步這類高衝擊性的運動，要給關節、腰和骨盆足夠的時間復元，不然乳房會有不適感，纖弱的支撐組織也會承受更大的壓力。

高衝擊性的運動會增加各個關節承受的壓力，特別是足踝、膝蓋、骨盆與脊椎；只有在進行暖身之後，才適合跑步，並把上下跳動的幅度降到最低，並讓腳跟與腳尖吸收衝擊力道。走路時，則要注意是否有不正確的姿勢，就算有些媽咪是經驗老道的路跑專家，這時也需要重新檢視跑步的技巧。

### 阻力訓練要注意的事

阻力訓練是需要健身設備或是參加健身房的運動課程（一般所說的重量訓練，就是阻力訓練的一種）。經驗豐富的舉重運動員若是在懷孕期間有持續作訓練，產後也應該按照孕期訓練方法作運動；若是孕期沒有持續訓練，產後請先減少 **30**%的負荷，再逐步增加。

大力拉動不穩定的關節，或是在不平坦的地面上練習，都會增加關節受傷的機率，並且容易產生不良姿勢。因此不建議產後的新手學員一開始就進行這樣的重量訓練，應該要先強化肌肉的穩定度才是。

圖 1-5 脊椎結構

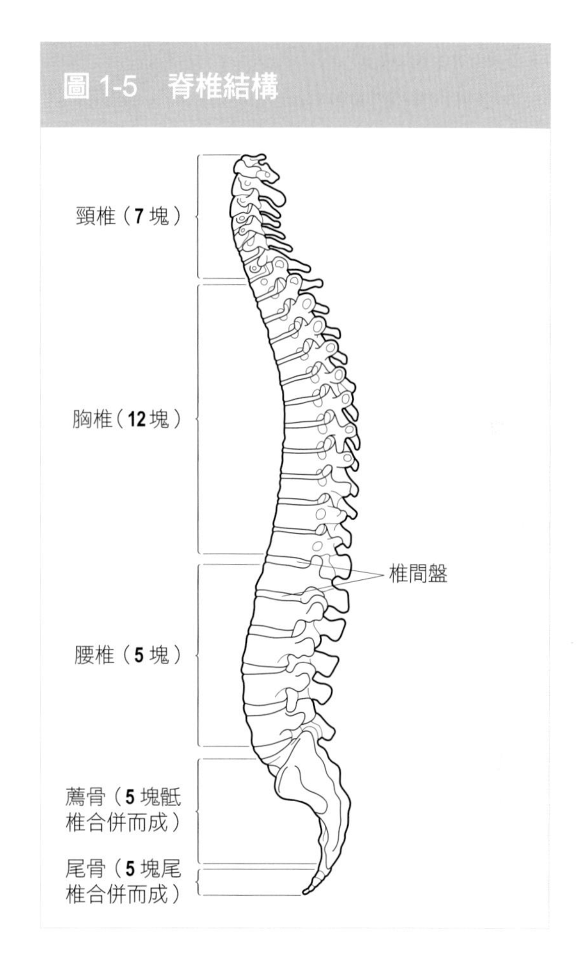


## 一定要認識的脊椎部位

### 脊椎結構

脊柱是由 **33** 塊骨頭所形成的，**24** 塊是獨立的椎骨，**5** 塊合併成薦骨，**4** 塊合併成尾骨；脊椎很強韌，又因為是由小塊椎體組疊而成，因此也有很棒的靈活度，可以作大幅度的動作。每塊椎骨之間有纖維軟骨的椎間盤作分隔，減輕椎骨產生的震動，幫助脊椎保持挺立；

脊椎的曲度則是為了吸收震動，人體若沒有這樣的設計，跳躍降落時的衝擊力道，會全部打在大腦底部；而脊椎的穩定性，則是全靠韌帶和肌肉提供。

## 脊椎定位正確，才不傷身

脊椎正位是脊椎曲線的最理想定位（如圖 **1-5**），一旦位置正確，全身的壓力就能平均分擔，震動可以有效被吸收，骨頭與軟組織的壓力就能減到最小。身體處於正確的平衡狀態時，骨頭便能承擔起身體的重量，並以極少數的肌肉，保持身體的平衡。校正脊椎直立，是訓練深層穩定肌群的最佳耐力運動；所以，媽咪們能盡量保持脊椎正位最好。

保持脊椎正位的好處如下：

- 提升人體力學對神經肌肉的效率。
- 減少和（或）消除疼痛。
- 避免身體受傷。
- 改善血液循環。
- 改善體態，讓身材更苗條。
- 增加身體的靈活度。
- 增進身體的協調與平衡感。
- 可讓呼吸達到最理想狀態。
- 釋放體內壓抑的緊繃張力。

## 保持骨盆正位

骨盆的位置對於脊椎是否能正確排列，也非常重要，骨盆位置不正確，像是前傾或是後傾時，都會影響到脊椎。

**重要訊息**

保持脊椎正位是身體的理想位置，也是貫穿此書的正位參考，不過大多數的產後媽咪會覺得要保持理想曲度很困難，所以過程中要依據每個人的情況略作調整比較好。

**圖 1-6　尋找骨盆正位**

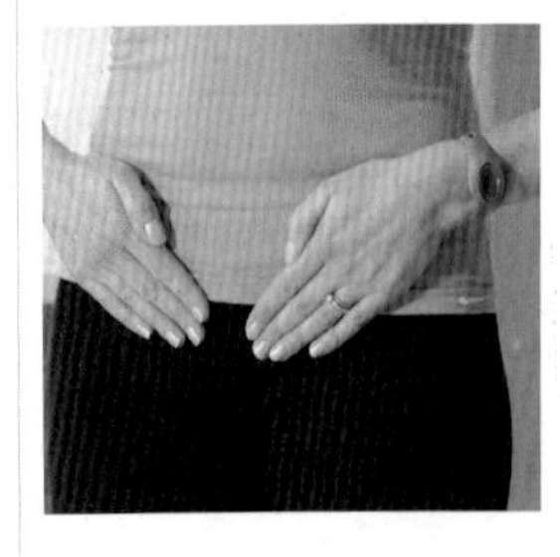

**(a)** 雙手放在下腹

**(b)** 骨盆前傾

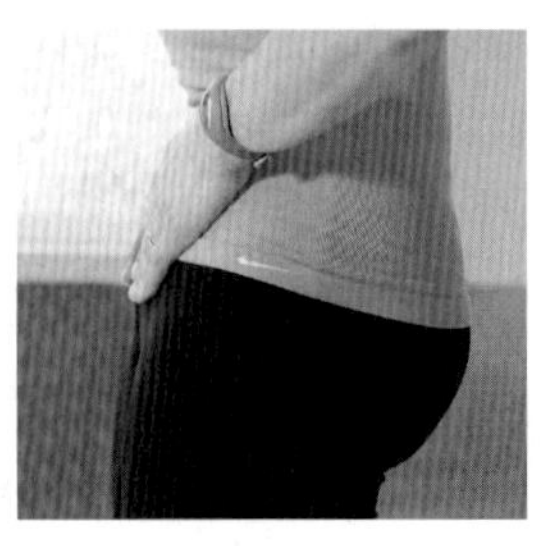

**(c)** 骨盆後傾

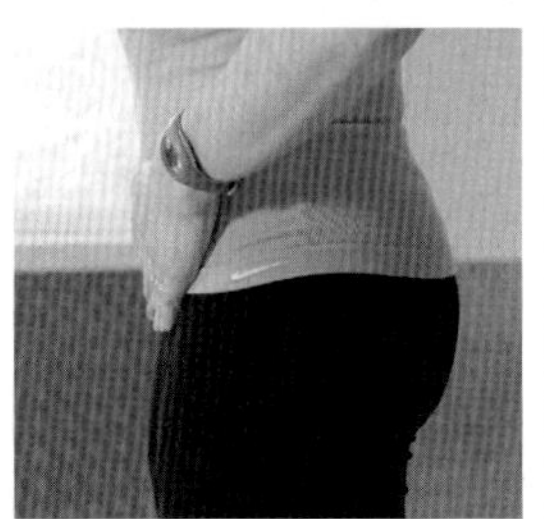

**(d)** 骨盆正位

### 骨盆正位怎麼找？

請見圖 **1-6**，先將兩腳打開與臀部同寬，膝蓋不要用力，把手掌根部放在骨盆前方突出的骨頭上，指尖放在恥骨處。骨盆頂端向前傾，讓指尖向下移動，這個動作可以增加後背的曲度正位（骨盆前傾）；然後將骨盆朝反方向移動，讓恥骨、指尖一起向上移動（骨盆後傾），這時媽咪們會感覺背部拉直，偏離脊椎正位。現在回到這兩者之間的位置，指尖與手掌根部垂直，臀部與大腿應該是處在放鬆的狀態，這就是骨盆的正確位置。

## 懷孕對脊椎的影響

・脊椎與骨盆韌帶的變化幅度增加。

・子宮從骨盆增大進入腹腔時，會使腹部往前凸。

・負荷增加，使得骨盆正列不穩定。

・腹部肌群過度延展，而無力支撐脊椎、保持正確的骨盆斜度。

・脊椎必須支撐變大、變重的乳房。

後面的章節會討論到這些現象會對脊椎排列產生什麼樣的變化。

## 姿勢對不對，和脊椎有關係

姿勢深受習慣所影響，同時也受到肌肉運動知覺控制而有所感覺，知道什麼姿勢好、什麼姿勢不正確。媽咪為了帶寶寶，身體總是不斷在移動，因此要一直保持正確姿勢相當困難；此外，姿勢是否正確也和脊椎的位置有關，並且會受到肌肉的強度與柔軟度所左右。

### 正確站姿

・雙腳與臀部同寬。

・兩腳平均分擔身體重量。

**圖 1-7　正確站姿與錯誤站姿**

**(a)** 正確姿勢

**(b)** 脊椎前凸

**(c)** 背部過凹

· 體重平均分布在大拇趾、小腳趾與腳跟。
· 膝蓋放鬆，從側面看與腳踝切齊。
· 找出骨盆正位。
· 肩膀自然垂放、手肘放鬆。
· 將尾骨拉往地板的方向、臀部放鬆。
· 脊椎向上伸展。
· 脖子拉長，下巴與地板平行。
· 雙眼直視前方。

### 為何正確姿勢如此重要？

身體排列不正確時，媽咪們想要站直就得更加費力，肌肉並非用來支撐身體，若是為了支撐放鬆的姿勢而收縮，便會繃得過緊。支撐關節的結構與關節本身也得承受額外的壓力，肌肉緊繃會降低活動範圍，也身體無法處於正確的排列；為了平衡身體，肌肉很容易疲勞，身體便會更傾斜。變形的脊椎曲線會增加椎體與椎間盤壓縮的程度，還會減少通過的血流，懷孕時便是這樣的狀況！

### 注意！影響產後姿勢的因素

· 懷孕前，已經有姿勢不正確的狀況。
· 體位變化是在懷孕期間發生。
· 嬰兒大小（懷孕中和出生後）。
· 嬰兒的年紀。
· 增加的體重。
· 結實程度（孕前、孕中與產後）。
· 身體覺知的程度。

## 懷孕常見的肌肉骨骼變化

懷孕時是沒有所謂的正常姿勢，為了適應身體變化而產生的新姿勢通常都很偏離原本的位置，而孕媽咪們對自己體態的觀察，還有在健身課程練習時都很需要幫忙。常見的姿勢調整大都是從腰椎開始，然後再連帶引導胸椎與頸椎調整。

### 腰椎的變化

向前擴張的腹部會讓骨盆往前移動、偏離正位，如前頁圖 **1-7** 所示，也有可能發生背部太凹的情況，身體為了彌補姿勢向前傾、並且要保持平衡，上半身便會向後移，造成腰椎前凹的幅度大增。失去緊度的腹直肌便無法有力的保持骨盆的正位排列，而發生骨盆前傾的問題。單邊臀部突出抱孩子時骨盆會傾到側邊，腰椎會被拉進側屈肌，可以參考下列的調整方法：

· 縮短與拉緊腰部的伸肌。

· 前傾來拉長與拉緊腿後肌，或是靠後傾來縮短與拉緊腿後肌。

· 前傾來縮短與拉緊臀屈肌，或是靠後傾來拉長臀屈肌，使其放鬆。

· 拉長、減弱臀中肌的緊度。

· 拉長、減弱腹直肌、腹橫肌、腹內斜肌與外斜肌。

強行運動時會發生的問題：

· 腰椎與前臀部的移動範圍變小。

## 圖 1-8 懷孕常見的肌肉骨骼變化示意圖

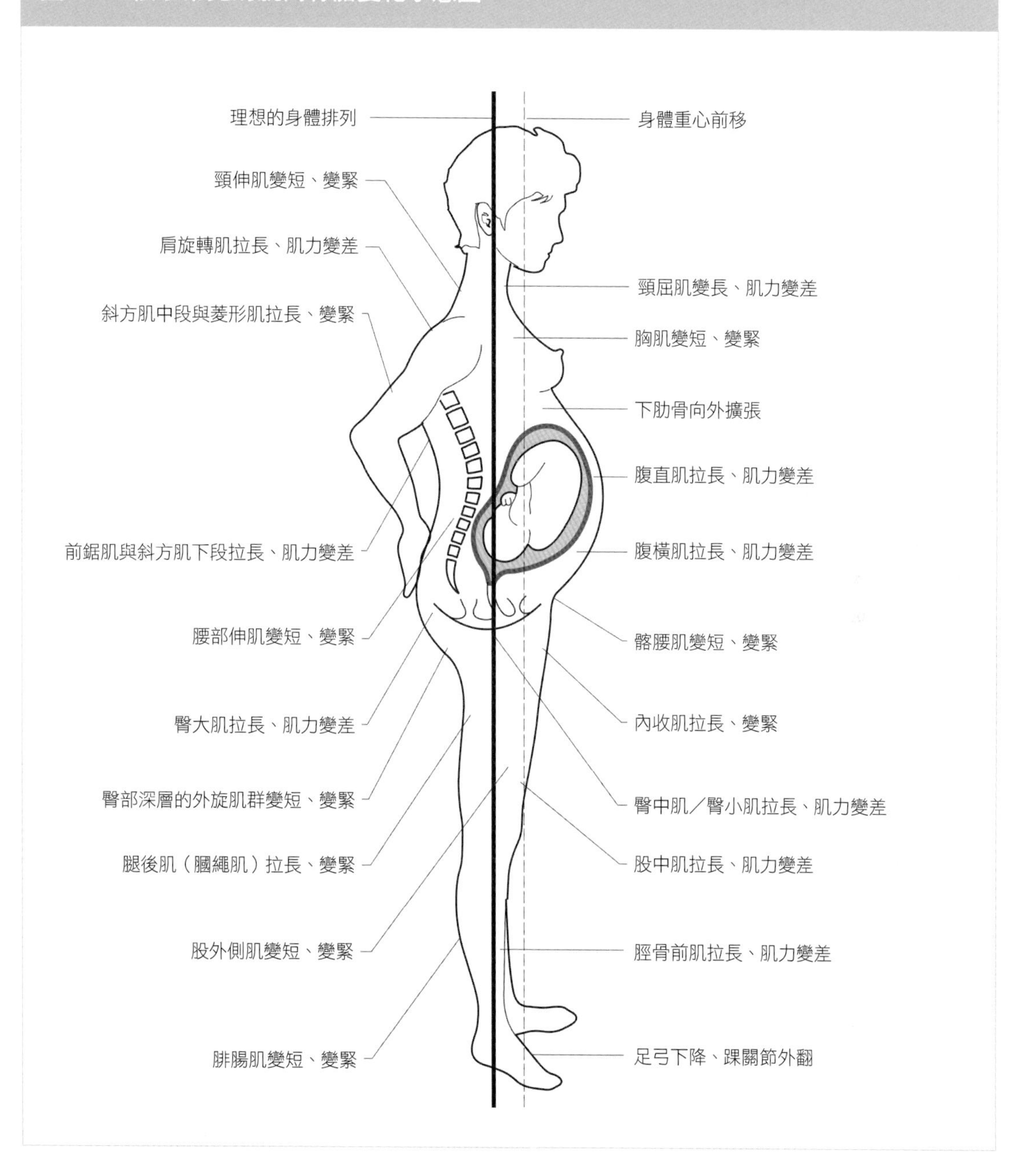

・骨盆保持正確排列的能力降低。

・下腰與骨盆穩定性變低。

・腿後肌會過度活躍、主導性太強。

### 胸椎的變化

胸腔在孕晚期會向外擴張，上升的子宮會進入上腹腔，降低胸椎的活動度，產後急劇增大的乳房也會帶來影響，若是餵奶姿勢不正確，加上要不時前彎抱小孩、換尿布等等，問題會更加嚴重。媽咪們可以參考下列的調整方法：

・縮短和收緊胸肌與斜方肌上段。

・肱骨內側會因此旋轉。

・讓菱形肌與斜方肌中段拉長與收緊。

・斜方肌下段、後旋轉肌與前鋸肌會拉長、肌力變弱。

強行運動時會發生的問題：

・胸椎移動範圍變小。

・肩關節移動範圍變小。

・經過肩關節的全部肌肉錯誤排列。

・增加肌腱或是神經夾擠的風險。

### 頸椎的變化

胸椎後凸會增加頸椎前突的發生機率；眼睛為了保持水平的視線，大腦就會調整身體的姿勢，以得到最佳的視野，醫界給了「頭部前置姿勢」這個專有名詞，其特徵就是下巴往前突出。媽咪們可以參考下列的調整方法：

・頸伸肌縮短、收緊。

・然後頸屈肌便會拉長、肌力變弱。

強行運動時會發生的問題：

・頸部與肩膀的移動範圍縮小。

・增加神經夾擠的風險。

### 髖關節與下肢的變化

骨盆的排列若是不正確，外側臀中肌的支撐力道會跟著降低，並且會拉長外斜肌、使其肌力變弱，骨盆更容易左右搖擺，身體也無法完整控制骨盆的動作。媽咪們若是能加強肌肉訓練，臀部、膝蓋與足踝就能得到所需的支撐力。

想要支撐鬆弛的骶髂關節時，臀部外側的深層轉肌會縮短與收緊，尤以梨狀肌特別明顯。因為梨狀肌底下有坐骨神經（有時會直接通過此束肌肉），這樣做可以減緩坐骨神經受到壓迫。肌肉活動過度會將股骨頭拉往髖臼前側，很可能就會造成臀部或是腹股溝疼痛。位於大腿外側的肌群緊度會提高，這個情況會改變膝蓋的交角，造成膝蓋疼痛。

因為大腿內側的內收肌（特別是內收長肌）是附著在骨盆底部的恥骨聯合，為了支撐住鬆

**什麼是膝蓋交角？**

膝蓋骨叫髕骨，膝蓋交角就是髕骨與大腿的股骨連結的斜度，這個角度是受到上拉的大腿肌（股四頭肌）所左右，膝蓋內外側的肌肉若能平衡，就能幫助膝蓋維持適當的角度。角度若有偏離，會影響膝蓋節的正常功能。

弛的恥骨聯合，就會被拉長、收緊，膝蓋交角改變時，大腿內側肌肉的力量會變弱。往下延伸到站著更寬的雙腳與向外側旋轉的臀部，便會造成姿勢的外展，鬆弛的韌帶會讓足弓下降、變平，足踝也會跟著外翻。

懷孕時，媽咪的身體重心會更往前移，小腿肌肉得要更用力才能維持身體的平衡，導致肌肉收縮變短、拉緊，小腿更容易發生抽筋的情況，小腿前側的脛骨前肌會接長、肌力變弱。姿勢外展會改變小腿拉力的角度，增加神經受到壓迫的風險。

強行運動會發生的風險：

・骨盆會不穩，臀部與腹部肌肉（臀中肌與腹外斜肌）到緊繃的胸椎都會受到影響，走路時關節就容易左右搖動。

・臀部的移動範圍會降低。

・膝蓋延展時，大腿前側的股四頭肌肌力會減弱。

・膝關節變得脆弱。

・雙腳的動作變差，在吸收地面對腳產生的反作用力的程度也會降低。

## 對的姿勢可以把身體調正

這樣做可以調整因為懷孕與產後照顧小孩造成的錯誤姿勢，對身體健康很重要。媽咪們可以靠著強化與伸展反向肌肉，來控制深層的穩定肌群，恢復身體原有的正確排列。

媽咪們在照顧新生兒時，會進行許多以前不會做的動作，而且會不斷的重複，像是上下床餵奶、提嬰兒汽座、抱小孩、反覆彎腰換尿布等等都是。若是姿勢不正確，會讓已經很辛苦的身體承擔更大的壓力。

## 本章重點掃描

・骨盆的形狀閉鎖與力量閉鎖穩定機制，會受到懷孕所影響。

・每 **5** 名孕婦就有一位的骨盆會痛。

・鬆弛素會增加結締組織內膠原蛋白的延展幅度。

・哺餵母乳會延長關節的鬆弛時間。

・產後要重新調整體位姿勢，因此在照顧新生兒時，要特別注意背部的安全。

・只要做得到，就要調整到脊椎正位。

・選擇運動項目時要考慮姿勢是否適合。

・動作要在關節的正常許可的活動範圍。

・每個關節都要避免作出過度伸展的動作。

・要保持關節的正確排列，運動時也要使用正確技巧。

・產後 **16** ～ **20** 週後，再進行柔軟訓練才適合，若是有餵母乳的話要延長時間。

・產後頭幾個月不要做高衝擊的運動。

・下腰部與骨盆的穩定性降低會影響身體的所有活動，並且增加受傷的機率。

・在進行阻力運動之前，應該要先訓練深層的穩定肌群。

・阻力運動要以耐力訓練為基礎。

# Chapter 2 先穩定你的腰部與骨盆

小時候大家可能都玩過不倒翁，它就像蛋的形狀，往哪個方向推都不會倒下去，不倒翁的設計很穩，怎麼動都可以保持平衡。

再來，請大家想像自己站在正向前行駛的火車裡，但是卻沒有東西可以扶，這時候出自本能，身體一定會繃緊以對抗車子前進時左右搖晃的力量；但是如果讓身體跟著外在力量一起搖，就能跟不倒翁一樣穩定。

我們所知道的運動，大多是教導人們要控制身體、繃緊肌肉等等的方法，這在承受重力的情況下是必要的，身體需要大力收縮產生力量來對抗外來的推力。

圖 2-1　大脊椎穩定系統的關係圖

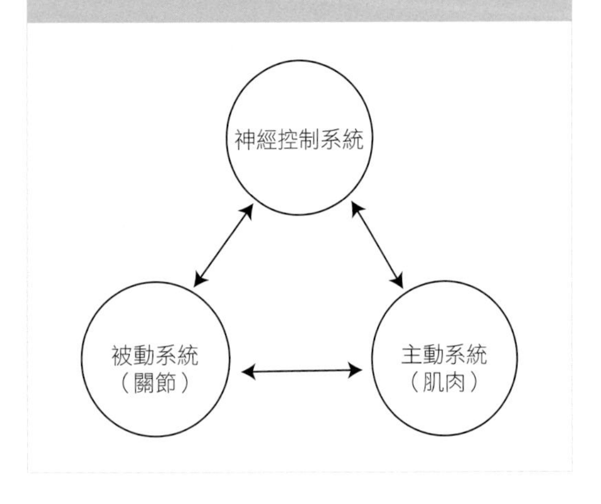


我們在這一章將討論穩定性與活動力，適合所有的人，而不是只有產後媽咪喔！

**何謂穩定性？**

穩定性與力量無關，而是三大系統是否能有效運作，讓身體在動作時能保持平衡。

整個脊椎的穩定，包含三個相互連結的系統，如下所述：

・被動系統：指關節／韌帶被動性提供的支撐力。

・主動系統：指肌肉主動提供的支撐力。

・控制系統：神經接受前兩個系統傳回來的訊息時產生的反應。

這三個系統應該要互相合作，以保持身體的平衡；不過，實際上總是會有一個系統作用不大，導致其他兩個得更努力以彌補不足，而造成問題。

## 被動系統（關節）

被動系統包含骨頭、間盤與韌帶，支撐力來自骨頭的結構與韌帶的張力，**Chapter 1**「形狀閉鎖」討論的就是被動系統。

## 主動系統（肌肉）

主動系統包含脊椎周圍所有可以施加力量的肌肉與肌腱，最主要是那些可以負責穩定與作動的肌群。

### 哪些是穩定肌群？

穩定肌群有兩個群組，分別是局部與整體。

· 整體性穩定肌群：這是位於身體淺層的肌肉，像是腹外斜肌、臀中肌、臀大肌等等，整體肌群比局部肌群大，可以藉由放慢關節的速度來分散壓在深層穩定肌群的力量。肌肉收縮最大的強度超過 **30**%時，可以在短時間內作出啟動、關閉的反應，這樣的動作有特定的方向，可以產生一定程度的力量來控制施加在脊椎上的外力。

· 局部性穩定肌群：這是位在身體內深層的肌群，橫隔膜、多裂肌、腹橫肌與骨盆底肌肉都是，並且和脊椎有直接的連結，能夠提供關節直接的支撐力，但是無法讓關節做出大動作。由於很靠近脊椎，因此可以控制椎節間的動作，防止脊椎變形，脊椎就像一個接一個、排成隊伍的阿兵哥，每一個椎體都連成一線，若是肌肉低頻率收縮的力量小於 **20** ～ **30**%，就能保持在活動的狀態，這不用靠動作的方向或是負荷的重量來動作。

深層的局部性穩定肌群得要扮好穩固平台的角色，要是這些肌肉不夠強壯，淺層整體性穩定肌群的大肌肉就無法產生足夠的力量，像是使盡全力拋球還是拋不遠的情況便是如此。

那麼，究竟是哪個肌群，提供媽咪們腰部與骨盆穩定的支撐力？目前大家還無法達成共識，不過所有的研究都同意橫隔膜、多裂肌、腹橫肌與骨盆底肌群，是穩定腰部與骨盆的 **4** 大肌群，而且都是深層的局部性穩定肌肉。

#### 橫隔膜如何穩定關節？

橫隔膜的形狀像雨傘，扮演腹腔的屋頂，分隔胸腔和腹腔（見圖 **2-2**）。橫隔膜起於第 **6** 肋骨、胸骨、第 **1** ～ **3** 腰椎的前端與第 **12** 肋骨的頂端，止於連結肺部結締組織的中央肌腱。吸氣時橫隔膜收縮，將中央肌腱往下拉，增加胸腔的空間，讓空氣可以進入肺部，呼氣

圖 2-2　四大局部穩定肌群

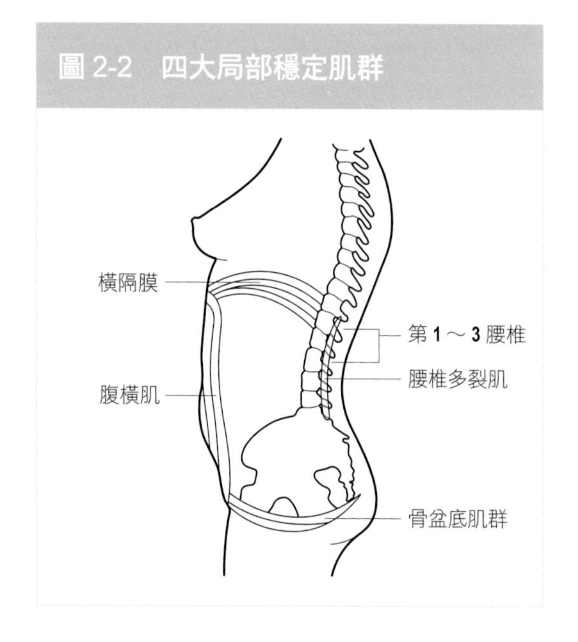

時橫隔膜放鬆，中央肌腱回到原來位置，將肺部裡的空氣往外壓。

腹橫肌與橫隔膜附在肋骨上的肌纖維互相交織，腹橫肌具有協同與拮抗兩種作用，一個動作要完成，需要兩組肌肉共同作用，一邊收縮一邊就要伸展，像是吸氣時，橫隔膜會收縮，腹橫肌就會放鬆伸展，當腹橫肌收縮幫助肺部擠出空氣時，橫隔膜就會放鬆。

骨盆底肌肉與橫隔膜也有這樣的相互關係，當橫隔膜收縮時，骨盆底肌肉會往下移動，支撐骨盆內的器官；橫隔膜放鬆時，骨盆底肌肉就會收縮跟著往上提。

橫隔膜提供像是個圓柱體的軀幹一個很棒的穩定作用，研究學者認為橫隔膜有助於腹橫肌可以預先知道何時會有動作發生，就能收縮以穩定脊椎。

### 多裂肌如何穩定關節？

這個肌群延著腰椎一直連到下方的薦骨，就像是聖誕樹的鋸齒形狀（見圖 **2-2**），讓腰椎到薦骨的部位有力氣可以支撐腰部與骨盆。位於脊椎旁兩片的大肌肉稱為豎脊肌，多裂肌就依附在豎脊肌旁，並且直接於脊椎骨相連，是所有腰椎肌群中位置最內側也最重要的肌肉，可以給予脊椎很大的支撐力。

多裂肌的粗纖維從腰椎骨的棘突，斜斜地向下延伸到橫突、髂後上棘與下面的薦骨，深層的肌纖維只有橫跨兩個椎骨，但是較表層的肌纖維可以高達五個椎骨，這些表層肌纖維幫助脊椎作伸展與旋轉，而較短的深層肌纖維則是負責控制各節椎骨。

深層的胸腰筋膜也是連接在腰椎的橫突上面，覆蓋在多裂肌上，多裂肌收縮時，胸腰筋膜也會拉緊。

### 腹橫肌如何穩定關節？

腹橫肌是進行呼吸動作時的主要肌肉，只要有呼吸這塊肌肉就會一直為身體工作，根據許多研究證實，腹橫肌會在四肢或是身體有反應之前就先有動作，讓脊椎更強韌、穩定。腹橫肌與緊鄰的外斜肌、腹直肌不一樣，它無法產生足夠的力量來抵抗動作，但是可以控制脊椎骨。腹橫肌不用跟著軀幹移動的方向或是四肢的動作移動，它可以獨立作動。

### 骨盆底肌肉如何穩定關節？

骨盆底肌肉是腰椎、骨盆能夠穩定的關鍵肌群，因此這束肌群若是太強或太弱都會產生問題。軀幹就像是個圓柱體，橫隔肌是屋頂，多裂肌支撐著背部，腹橫肌位於前方，底部則有骨盆底肌肉支撐，讓軀幹可以很穩固。

## 深層的穩定肌群是如何作用的？

這些肌群不需很強的力量，主要都是第一型的耐力肌，因此不用很強壯，研究指出這些肌肉只需要提高 **1** ～ **3**%的力量，就可以給予身體足夠的支撐力量。身體在有動作之前，中樞神經系統便會指示這些肌肉先有反應，簡而言

圖 2-3 深層肌肉的控制

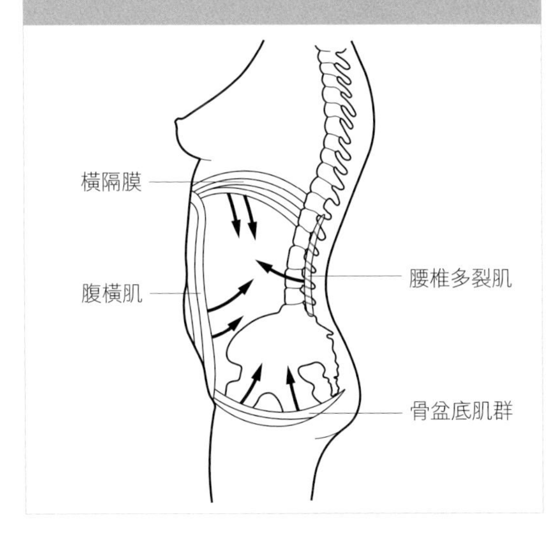


之，負責動作的是淺層的肌群，而深層肌群是回應身體的動作。

腹腔壓力低、呼吸放鬆的話，身體承受的力量也會降低，如果承受的力量可以預知，那麼局部的肌肉系統便可以自行運作。假如需要更大的支撐力，或是無法預知要承受什麼壓力，淺層的大肌群便會跳進來幫忙，深層與淺層的穩定肌群會互相支援、提供身體所需的支撐力。為了達到最理想的穩定性，肌肉必須得按照順序、互相配合，讓深層穩定肌群先作動，淺層穩定肌群才會跟著一起動。

#### 這樣的機制如何穩定腰部與骨盆？

啟動腹橫肌與多裂肌，會讓胸腰筋膜收緊，增加關節的強韌度；呼氣時，橫隔膜放鬆，骨盆底肌肉收縮，這兩者的動作會增加腹腔壓力。當局部的肌肉系統能夠發揮最佳功能時，就能提高腰椎與骨盆關節對節段間動作的預先控制能力。

### 連續穩定性

媽咪們不必用力就能控制的關節動作，局部的深層肌肉可以自行應付，但是當肢體有大動作時，局部肌群會需要整體穩定肌的幫忙，讓身體可以保持正確的排列。但收縮越大，身體就需要越大的支撐力來保持平衡，光是局部與整體性穩定肌也無法應付時，便需要整體驅動肌（跨過多個關節的淺層肌群）的協助。整體驅動肌的收縮可以讓身體變得強韌，產生保持穩定所需的支撐力。

#### 最完美的肌肉帶動方式

不管承受多大的重力，所有的動作都應該從啟動局部性穩定肌群開始，然後再啟動整體肌群來協助身體應付外力的變化，這是保持腰部、骨盆穩定最理想的方式。

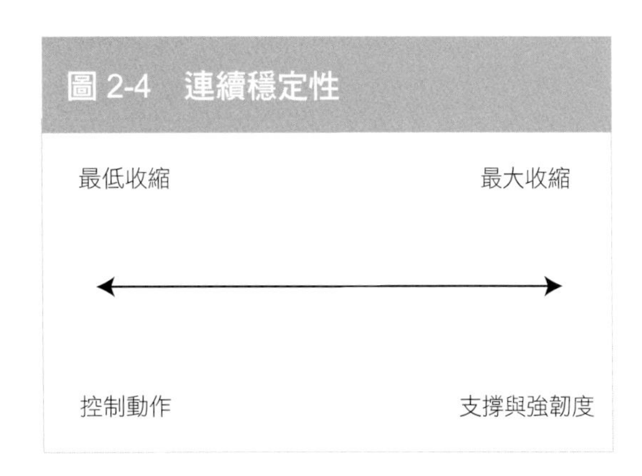

## 神經控制系統

關節和肌群會將接收到的訊息傳到神經系統，這個連結對身體非常重要，位於肌肉、肌腱、深層筋膜與關節囊內的神經末稍就稱為「本體感受器」，它們負責將身體的姿勢與移動的方向傳給神經系統。要靠主動系統與神經系統的配合，才能讓肌肉可以適時作出反應，身體知道如何應付，訊息傳達的速度與正確性對於結果非常重要。

怕痛、姿勢改變或是受傷時身體就會啟動「補償性肌肉模式」，神經肌肉的傳導途徑會受到重組，改變本體感受器，抑制運動神經元來驅動肌肉與提高對疼痛的敏感性。

## 懷孕與分娩對穩定系統的影響

從右頁的表 **2-1** 可以看到懷孕與分娩對被動、主動與神經系統產生的相互影響，尤其是被動系統的支撐力一旦降低，主動系統就得出更大的力量，這種情況會使神經系統產生補償性作用。

## 最新研究

有關腰部、骨盆穩定性的研究，大都是針對患者下背疼痛為主，這些研究都指出局部肌肉系統發生功能障礙，跟肌力無關，而是時機點的問題：這些肌肉會在承受壓力後才開始作動。科學家認為，時機延遲要根據病症類型或是性質而定，像是椎間盤、關節或是神經。

目前為止，還沒有研究是專門來探討懷孕與分娩對腰部、骨盆穩定性的影響，在考慮了懷孕對身體造成的改變之後，我認為媽咪們身體會出現如下的功能障礙。

## 不理想的肌肉帶動方式

### 錯誤的方式會改變身體的運作

在局部肌群無法提供有效的支撐力時，那麼腿後肌、豎脊肌、髂腰肌等整體穩定肌群就會跳出來幫忙，增加腰部與骨盆的穩定性；身體在承受重力時，會自動開啟這樣的保護模式，當然只有在需要時才會啟動。這些大肌群是為了較爆發性的動作而設計的，並不適合長時間持續收縮，因此大肌群的收縮頻率比局部肌群高，收縮時肌肉變硬，可以緊繃、穩定身體。

如果這套系統成為穩定身體的主要方法，穩定肌在收縮拉緊時會變短、變緊，會讓媽咪們脆弱的身體無法正確地排列而失去平衡。姿勢不正確會使得穩定肌群停止作用，錯誤地收縮也會改變身體其它的功能，特別是平衡、呼吸與控制的功能。

### 全身緊繃僵硬的原因

就像「神經元一起放電，就會形成串連」一樣，當肌肉過度用力收縮，其他肌群也會一同

| 表 2-1 | 懷孕與分娩對三大穩定系統的影響 |
| --- | --- |
| 系統 | 作用反應 |
| 被動系統 | · 鬆弛素會針對骨盆產生作用，以增加骨盆開口的大小。<br>· 隨著胎兒的成長，體重與壓力會跟著增加。<br>· 韌帶越漸鬆弛，腰部與骨盆的地方穩定性會跟著下降。<br>· 鬆弛的結締組織無法傳送筋膜產生的緊度（因懷孕生產引起腹直肌的韌帶被拉開，腹部疝氣的問題便是這樣發生的）。<br>· 骨盆底的筋膜緊度改變，造成器官移位。 |
| 主動系統 | **局部穩定肌群**<br>· 腹橫肌與骨盆底肌肉得承受更大的壓力。<br>· 身體承受重力、肌力不夠會造成肌肉的萎縮。<br>· 無法和其他肌肉作協調。<br>· 胎兒所處的位置不對稱。<br>· 骨盆底肌肉與神經受到損傷。<br><br>**整體穩定肌群**<br>· 穩定肌群拉長、變弱（外斜肌、臀大肌、臀中肌）。<br>· 驅動肌縮短以彌補梨狀肌、內收肌與腿後肌的鬆弛。<br>· 肌群不收縮或是不對稱（臀大肌／臀中肌）。<br>· 利用非收縮性質的身體組織來拉長變弱的腹直肌。<br>· 姿勢正列被改變。 |
| 神經控制系統 | · 喪失與其他局部性肌群的協調能力。<br>· 因為疼痛或受傷而調整收縮模式。<br>· 減少感覺反饋。<br>· 延遲腹橫肌／骨盆底肌肉／多裂肌等肌群啟動的時機點。<br>· 整體穩定肌的收縮時間拉長（整體穩定肌不適合長時間收縮）。 |

圖 2-5　肋骨緊縮

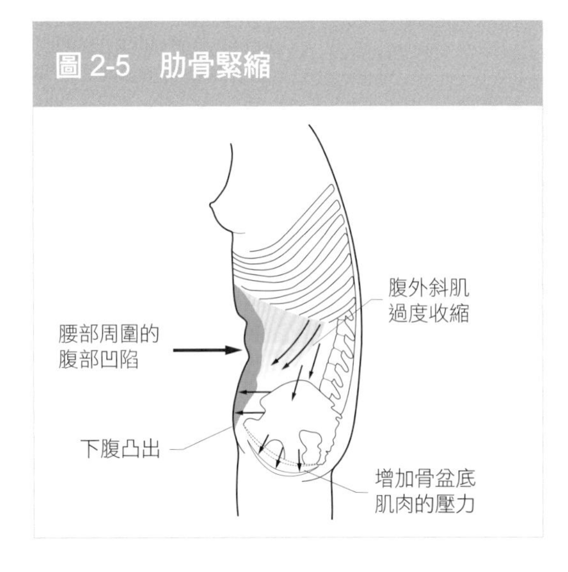


緊縮起來，除非串連的狀況解除。肌肉收縮緊繃時會使身體變僵硬，變硬後會減少活動。除非這樣的循環被打破，不然肌肉會持續繃緊身體結構，並產生其他的問題。肋骨、臀部與背部就常發生肌群緊縮，產後的媽咪們也多半都有發生這樣的狀況。

### 緊繃的肋骨狀況

腰部與胸壁之間的腹部在變窄或是鼓大時，斜肌會過度收縮；持續收緊腹部時就會出現這樣的情況，不只產後的媽媽們，還有許多女生也都會做這樣的運動。這個動作會限制上半身轉動與伸展，讓呼吸不順暢，學習正確呼吸對肋骨的夾緊肌群很重要，因為肌肉變硬會讓腹部的內外斜肌變得肥厚，反而增加內臟脱垂的風險。

### 緊繃的臀部狀況

臀部外側的深層旋轉肌群會用力收縮以增加骨盆的穩定性（特別是梨狀肌），媽咪們可以觀察臀線周圍衣服的皺褶，以及兩側臀部凹進去的樣子就能得知。

這些肌群收縮會迫使股骨頭擠進髖臼的前方，並且改變走路的模式，可能造成臀部或是腹股溝疼痛。

圖 2-6　夾臀的狀況

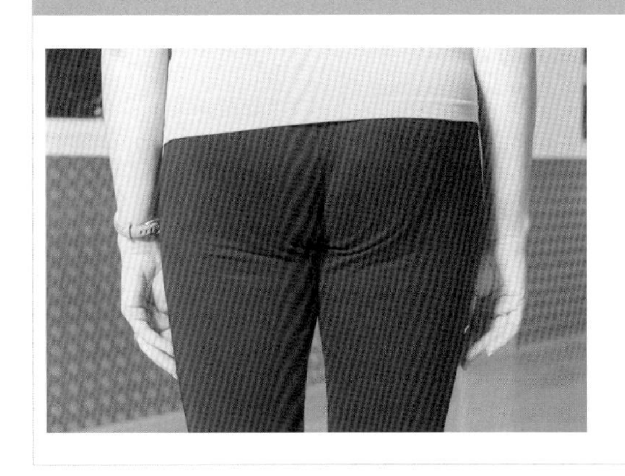

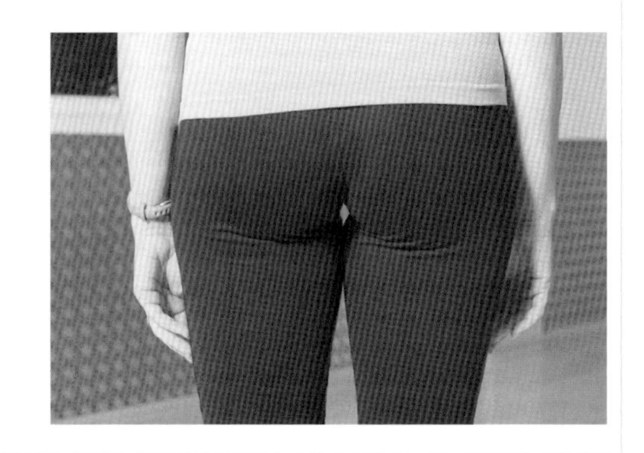

另外，大家還可以從不良的蹲姿來指認臀部緊繃的肌群：在蹲下的時候，這些肌群無法舒服的彎曲，臀部會被壓在下面，背部也會往前弓起。從坐姿也可以看出骨盆後傾，建議大家在蹲下時要學會放鬆臀部，讓上半身前傾。

#### 緊繃的背部狀況

脊椎伸展肌群與長但是力量不大的腹直肌拉緊時，骨盆會前傾或是向前搖動，這是造成背部僵硬的最大主因。這個動作會讓背部中段與下背部僵直、不舒服，特別是在久站之後更是明顯。在蹲下時，腰椎與頸椎會伸展，這時便能觀察到背部緊縮的肌群，蹲下時，要把重心放在讓胸骨與恥骨之間保持相同的距離（保持骨盆正位）；伸展背部肌肉也是很好的作法。

## 鍛鍊建議

· 姿勢正位

· 學習正確呼吸

· 訓練大腦在開始動作之前，知道要收縮深層的穩定肌群。

### 保持姿勢正位就是最棒的運動

坐下或是站立時，身體都要保持直立，這樣內部的肌群才會一起作動，身體懶散無力會讓腹橫肌與骨盆底肌肉跟著停止動作，讓橫隔膜在吸氣時不能向下移動。脊椎在正位排列的時候拉長，可以啟動深層的穩定肌肉，這是媽咪們訓練局部肌群最棒的運動了！

### 呼吸技巧對了，骨盆就能好好運作

呼吸方式不正確會限制橫隔膜的動作，進而影響內部肌群的啟動，呼吸局限在胸口的上半部會讓橫隔膜無法自由的活動，肋骨會出現「固定」不動的情況，使呼吸變淺。因為輔助呼吸的肌群過度活動，頸部與肩膀肌肉的緊度就會增加，媽咪們的胸罩或是皮帶太緊也會有同樣的問題！這種呼吸模式很常見於忙碌、高成就的女性，她們總是忙東忙西，無法停下腳步來放鬆一下。

人們對腰圍有許多複雜情緒，女性們都希望擁有一個小蠻腰，如果是針對腹直肌、外斜肌與橫隔膜的話，骨盆底肌肉與腹橫肌就無法正常的運行。

實際上，人們只要學會如何使用橫隔膜來正確呼吸的話，下腰部與骨盆就可以運作正常，這對人體的健康是很重要的一環。雖然呼吸練習看起來基本、又耗時間，但這是下腰部與骨盆穩定度訓練的第一步驟，媽媽們應該要先學好呼吸訓練，再進行接續的運動訓練。

#### 學習正確呼吸模式

· 用雙手放在胸腔的下半部，手指朝內。

· 呼氣，將氣導入胸腔下半部、直到腹部，腹直肌與外斜肌保持放鬆。

・手指去感覺肋骨向兩側擴張，腹部脹大。

・呼氣時，放鬆腹腔、這時會感覺到橫隔膜向上移動。

呼氣時腹部放鬆、隆起，一些媽媽們可能會覺得這樣的練習很困難，畢竟要改變多年的習慣真的不容易，要花些時日才能轉變過來，媽媽們能互相鼓勵是最好的。在變換姿勢，像是側臥、仰臥、坐下與站立時，都要注意自己是否有保持正確的方式。

當局部穩定肌群懂得以協調的方式正確地收縮時，就不需要再提醒自己該如何呼吸，因為明確的呼吸模式其實對呼吸很不好，反而會增加胸腔的張力、肋骨也會被限制住，要小心這個情況。

橫隔膜呼吸對產後的媽媽們很有幫助，可以增加胸腔的活動力，因為懷孕會改變肌肉骨骼系統與呼吸系統，讓胸骨與肋骨變得僵硬，降低胸椎的活動範圍。

在吸氣時，要將氣引入肺部下方，讓胸腔下側可以向外、向後擴張，這樣可以按摩到後方的胸椎，使其放鬆。深吸一口氣可以讓身體更放鬆，要經常這樣做，橫隔膜呼吸可以刺激副交感神經系統，鎮定身體，放慢呼吸速度。

副交感神經帶給身體的是「休息與消化」，交感神經系統則是「戰鬥或逃跑」，而身體平時需要的絕對是「休息與消化」。

## 大腦訓練

大腦在學習新的動作時，會指示它認為需要動員（請見第 **37** 頁的說明）的肌群，陌生的動作會讓它覺得奇怪與不協調，但是多加練習就能越來越純熟。當身體對動作越熟練時，肌肉就會減少動員，這時大腦的反應會更快，並且把這個動作納入下意識之中，便能在動作之前就先作出反應，但是不管動作正不正確，只要經常練習，結果都是一樣的。

但有研究學者認為大腦不會強化非使用中的肌肉，這簡直是說「加強核心」的訓練是沒有作用的，如果大腦沒有能力動員深層的穩定肌群，那再怎麼訓練，也只會強化肌肉錯誤的收縮模式。

應該要停止不理想的動作模式，重新訓練大腦正確地動員肌肉。只有動員肌肉還不夠，必須有技巧地啟動，因此要改變的是大腦與肌肉之間的運動控制連結，因為神經傳達的資訊是無法轉移的。

### 重新訓練肌肉正確地收縮

・以直立的姿勢來訓練深層肌群。

・在每個運動開始前，預先收縮腹橫肌。

・腹橫肌一開始收縮後，就會以同樣的動作模式持續作動。

・在新的運動開始前，要重新啟動。

・放鬆繃緊的肌肉，減少收縮程度，並且學會停下收縮的動作。

．使用具有功能性的姿勢練習，如站、坐、俯臥等等動作。

**沒有壞，就不需要修理！**

等到局部穩定肌不需要大腦有意識地去啟動時，就是大腦已學會正確的動作模式的時候；這時這些肌群已經不再需要大腦的提醒了。

## 平衡、穩定動作

產後的媽媽們一定要學會正確呼吸，才能釋放胸椎的張力，放鬆緊縮的肌肉，一旦局部肌群恢復原本穩定下腰部與骨盆的功能之後，身體就能更自由的活動，這就是產後運動訓練的宗旨。

## 本章重點掃描

．穩定性與肌肉強度無關。

．穩定性需要三個關聯系統互相配合：主動、被動與神經控制系統。

．這三大系統必須互相配合才能發揮效用。

．局部穩定肌群是橫隔膜、多裂肌、腹橫肌與骨盆底肌肉。

．局部穩定肌位於身體內部深層，這四大肌群形成一個穩固的圓柱體。

．低頻率的收縮可以讓這四大肌群保持在啟動狀態。

．整體穩定肌的快速頻率收縮，動作時間短而爆發力量大。

．當身體需求增加時，整體穩定肌會有所動作來輔助局部肌群。

．懷孕與分娩會影響局部穩定肌群的效用。

．局部肌群不能發揮功能時，整體肌群得跳出來幫忙。

．長時間動作不是整體性肌肉的功能，這會造成肌肉變短、變緊。

．變短、變緊的肌肉會讓身體失去正位。

．肌肉過度收縮會讓身體疲勞。

．大腦需要受訓練，才能在動作之前先收縮局部穩定肌群。

．姿勢正位與正確呼吸很重要。

# Chapter 3 搶救鬆開的腹部肌群

## 認識腹部肌群的結構

打造小蠻腰最關鍵的腹橫肌、腹外斜肌、腹內斜肌與腹直肌這**4**塊肌肉，在腹部相互連結，形成腹圍。他們緊密地透過結締組織連結，甚少獨自運動。

**圖 3-1　腹部肌群**

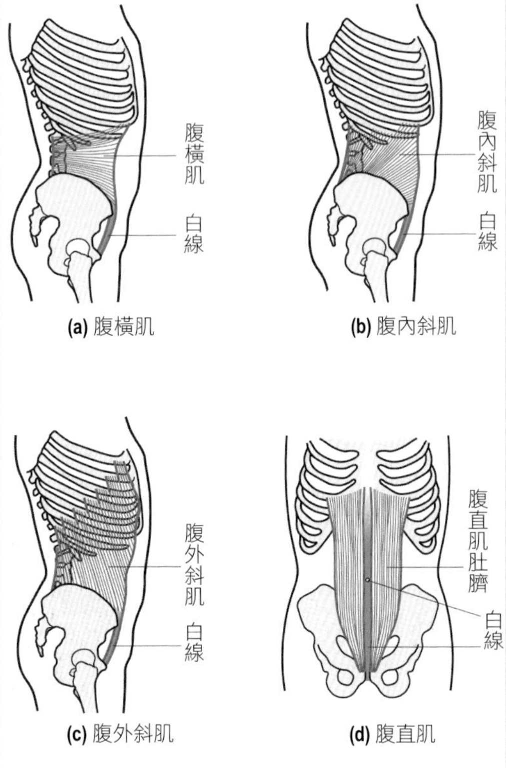

**(a)** 腹橫肌　**(b)** 腹內斜肌

**(c)** 腹外斜肌　**(d)** 腹直肌

### 最深層穩定的腹橫肌

腹橫肌是這 **4** 塊肌肉中最深層的（參見圖 **3-1** 的 **a**）。起自胸腰筋膜、下方第 **6** 塊肋骨、髂骨及腹股溝韌帶；肌肉橫向地包覆著軀幹，而由身體兩側深入前方的寬腱帶稱之為腹部腱膜。下方的纖維向下彎與恥骨相連。腹橫肌腱膜與腹斜肌腱膜在身體中線相連，並形成白線，而腹橫肌被視為是穩定白線的重要角色。

白線是位於腹直肌內側，沿著腹部中線間的一條腱縫，由腹橫肌與斜肌兩側的腱膜融合所形成。肚臍之下的白線寬度比較窄，隨著腹直肌往上延伸，白線的寬度會逐漸增加。

腹橫肌對媽咪的重要性不可言喻，它與腹內斜肌一同支撐著腹部組織，並聯合其他穩定肌（亦即多裂肌、骨盆底肌與橫膈膜），以提供腰骨穩定。腹橫肌的作用，是在運動前啟動以增加脊椎的堅固與穩定，也是唯一可以進行全方向軀幹運動的肌肉；對一般人而言，腹橫肌的活動總是早於其他腹部肌肉。腹橫肌也是進行呼吸作用時使用的肌肉群之一，和橫膈膜的附著部分與肋骨相連。

## 腹內斜肌

腹內斜肌位於腹橫肌上方呈倒 **V** 形（見圖 **3-1** 的 **b**）。與腹橫肌同樣起自胸腰筋膜、髂骨及腹股溝韌帶，而其纖維組織向內延伸至白線，起自下方第 **4** 塊肋骨終止於恥骨。與腹橫肌相同，腹內斜肌伸入腱膜形成一部分白線。

腹內斜肌的腱膜特別明顯，因為它在腹直肌的外側邊緣細分且通過腹直肌的前後，腱膜鞘包覆其中，在白線之前結合。這現象只有在腹直肌上端 **2/3** 處；下方 **1/3**（就在肚臍下面）腹橫肌的三層腱膜、腹內斜肌與腹外斜肌，則穿過腹直肌的頂端。由於他們纖維方向不同，腹內斜肌能協助腹橫肌壓縮腹部，向同一側彎曲身體並與腹外斜肌一起運動扭轉身體。

## 腹外斜肌

腹外斜肌位於腹內斜肌之上，並與其垂直形成正 **V** 形（見圖 **3-1** 的 **c**）。起自下方第 **8** 塊肋骨，沿著對角垂直地向下深入髂骨。身體中線附著部分伸入穿過腹直肌上方腱膜，與其對稱的腱膜在中心交會形成白線。腹外斜肌和上方的前鋸肌跟下面的闊背肌交叉接合。腹外斜肌與腹內斜肌從兩側一起運動扭轉軀幹，也協助腹直肌彎曲身體。

## 腹直肌

腹直肌為腹部肌肉的中心結構。由始於恥骨的兩塊肌肉，向上延伸與胸骨，以及第 **5**、**6**、**7** 塊肋骨相連（見圖 **3-1** 的 **d**）。其底部較窄，頂部較寬大約 **15** 公分。腹直肌有三條纖維帶，稱為腱劃或肌節，以之字形紋路橫向穿過：一條位於肚臍，一條在劍突（胸骨底部），第 **3** 條則位於前兩條之間。偶爾一至兩條額外的，通常是不完整的腱劃出現在肚臍下方。由於腹直肌是條很長的肌肉通過一個空曠的空間，這些纖維帶就像是安全配備般，將它們分成 **4** 塊較小的肌肉而非一長條，以降低因過度伸展而撕裂的風險。

當檢查肌肉分離時，位置最低的腱劃別具意義，因為肚臍四周區域是最脆弱的。腹直肌的每邊被腹斜肌和腹橫肌的腱鞘包覆著。這些肌肉組織在中央合併形成白線。腹部下方 **1/3** 處，由於腱膜穿過腹直肌的上方，而使得肌肉較不明顯。

## 錐肌

如果沒提到在腹直肌帶前方，包覆在腹直肌鞘中，由兩個錐形半塊所組成的錐肌，腹肌群的討論就不算完整。錐肌在肚臍和恥骨之間，起於恥骨並伸入白線下方，其明確的功能並不清楚，但兩邊一同拉緊白線。有大約 **20%** 的人沒有錐肌，或是可能只有單邊。有學者認為，沒有錐肌的媽咪腹直肌分離的風險可能會增加，但截至目前還沒有研究可以證實。

## 腹部肌群有什麼功能呢？

腹部肌群非常重要，有以下的功能：

· 穩定與支撐骨盆和腰椎。

· 支撐腹部與骨盆器官。

· 單邊彎曲身體。

· 身體前彎。

· 扭轉軀幹。

· 維持正確的骨盆位置。

· 增加腹內壓，也就是在咳嗽或打噴嚏，或提重物的時候。

· 協助排出運動，如嘔吐或第二產程期間。

· 幫助吐氣。

## 妊娠與腹部肌群的關係密切

### 懷孕時腹部肌群有些什麼變化呢？

在鬆弛素的影響之下，腹部肌群大量地往各個方向延展，以承受胎兒在腹內成長的負擔。肌肉之中和周圍的結締組織提供了彈性，但主要的改變是在白線。鬆弛素增加了結締組織的彈性，使白線可以往兩側開展，使腰線可增加大約 **50** 公分，腹直肌可拉長到大概 **20** 公分，而腹直肌向兩側伸展時也可能變寬變薄。

兩塊腹直肌平行地從中線向外延展，讓不斷增大的子宮有更多空間，這就是「腹直肌分離」。這是很普遍的變化，有 **66**%的媽媽們在妊娠第三階段，而 **27**%則較早在第二妊娠期時，便有分離現象。儘管常感覺到因為腹部肌肉支撐力降低所引發的背痛，大多數的媽媽都不會察覺這個變化。

#### 伸展疲乏的現象

當肌肉持續拉長超出正常幅度時，便會出現伸展疲乏，但不會超過正常肌肉長度的範圍。由於肌肉的收縮能力降低，肌肉則藉著在肌纖維尾端增加另一個肌小節來調節。任何肌肉在

圖 3-2　腹腔壁腹直肌分離前後對照

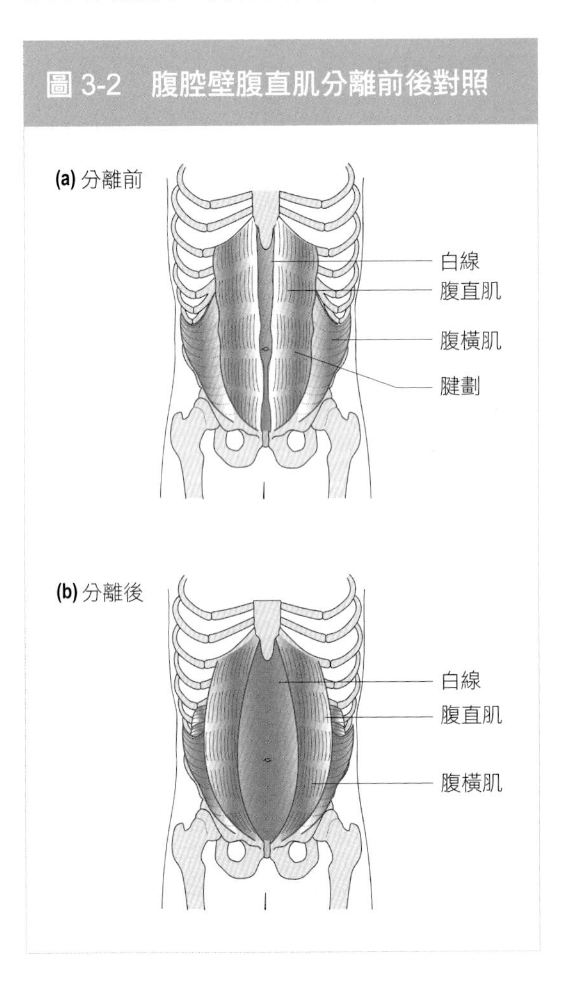

長時間伸展後都會產生這樣的調整，但因腹直肌從上到下越過整個因懷孕撐大的腹部，而影響更大。

伸展疲乏的肌肉收縮能力的減少，可能與肌肉纖維形態改變有關。肌肉纖維形態改變是長時間拉伸的結果，而腹直肌在懷孕最後半期的劇烈伸展，使得腹部肌力明顯喪失。

肌肉長度通常會隨著寶寶的出生而回復，但別以為會恢復地又快又好。這個過程還是要藉由縮短腹直肌的內縮訓練才能加快。

## 要把握！腹直肌復位的黃金期

寶寶出生後 **3** ～ **4** 天，腹直肌開始重新調整，空隙也逐漸縮小。大多數的案例是肚臍周圍在 **8** 週開始回復到約兩指寬（**2** 公分）的大小，而許多媽媽會發現這個時間點是復元的高峰。由於此時仍然有數層拉長的組織，所以大部分的媽媽還會覺得腹部缺乏支撐力。

這是產後復元的黃金期，溫和的運動可加快腹直肌的復位，且能縮短復元時間。出院時，媽媽們一定要開始做腹直肌的復元運動才行。

## 肌力大幅變弱是正常的

除了肌肉纖維會改變，其他腹直肌結構的變化與組成也會影響，使得肌力降低。根據研究指出，腹直肌的厚度在孕期縮小，而一些有助收縮的元素會被脂肪和結締組織所取代。另外，在懷孕和生產期間，腹壁拉伸會降低肌力活動。所以，產後的媽媽們有腹部肌力降低的現象十分普遍！

## 剖腹產時有什麼變化呢？

剖腹產過程中因為肌肉本身並沒有被切開，腹肌傷口不像許多媽咪們所認為的那樣嚴重。皮膚有道大約 **10** 公分的傷口，在取出胎兒時，治深入切開腹膜（腹腔內層）與子宮。修補則包含縫合子宮、腹膜與皮膚。

### 剖腹產後肌肉較難以復元嗎？

大部分剖腹產的媽媽會覺得腹部復元受到手術傷口的阻礙。腹部傷口留下瘀血與腫脹。基於這個理由，媽媽會覺得較難動員腹橫肌。殘留在體內的氣體在產後數天可能使情況更嚴重。這時可藉由仰臥進行骨盆運動來舒緩。手術部位會出現刺痛與痠麻，但是會逐漸恢復知覺；完全恢復則須至少 **6** 個月。

## 腹部肌群的照護

腹部肌肉可能持續鬆弛疲乏一段時間，不僅容易受傷而且會降低脊椎支撐。所以媽媽在日常生活的正確照護是重要的，並且應包含在產後運動計畫之中。

### 產後腹肌再訓練的目標為何？

·重新訓練腹直肌，改善腰薦骨盆穩定。

·縮短腹直肌並調整肚子的肌肉。

·強化腹直肌的肌力。

·強化腹部其餘肌群。

### 多快能開始進行腹部運動？

生產後應盡快在 **24** 小時之內開始腹部訓練。產後頭幾天可以用所有適合的姿勢做第一級的腹橫肌與骨盆運動。溫和的腹橫肌恢復運動有：下床、站立、彎腰等等，皆可。

## 重新訓練你的腹橫肌

### 為何這是首要任務？

腹橫肌是深層姿勢肌，與其他穩定肌一起負責維持腰骨穩定。不需要特別強健，但必須在動作開始前啟動以提供支撐。

懷孕期間，腹部肌肉組織改變了深層穩定肌動員模式，迫使其他肌肉跟著改變。錯誤的動員模式又犧牲了某些功能，特別是平衡、呼吸與持續性。因此，重新學習正確啟動是重要的第一步，因此，投入時間，並著重在重新訓練十分重要。

### 腹橫肌的定位與啟動

·直立姿勢站或坐，手指放在骨盆前方髖骨上（髂前上棘）。

·手指沿對角線向下並往腹部軟組織向內約 **2.5** 公分移動，即位於腹橫肌與腹內斜肌的正上方。

·輕輕地對軟組織施力數次。

·當你咳嗽時應感覺得到，腹橫肌和腹內斜肌的收縮。

·現在柔軟地藉著收縮腹部，試著製造相同的感受，不咳嗽。

·想像兩個髂前上棘之間有一條線輕輕地將他們拉在一塊。

·感覺肌肉在手指底下運動。

·燃燒腹橫肌就是你此時唯一要做的，沒別的了！

在所有姿勢（例如側或仰臥、坐、站、跪等）運用最少動員，並強調運動開始前啟動肌肉的重要性。建議在每天照顧嬰兒，特別是抬高或抱起等動作時練習。這可以訓練大腦用這種方式預先啟動，提供進行大動作時的穩定基礎。有研究指出，腹橫肌在脊椎正位時最能有效地運動，因此大力建議媽咪們可以隨時都採用這種方式。

一旦啟動了，在這個動作模式下的腹橫肌應會持續運動，但持續縮腹會動員到其他不應該動的肌肉而降低了效果，請注意這種情況不會發生。

## 千萬小心！腹橫肌收縮動作的問題

這個幾乎適合所有人的動作儘管簡單到不可思議，但還真是需要花時間學習並正確地進行。一般人最常犯的錯誤包含用力地憋氣、縮臀、繃緊腹部。

為了有效收縮並提供脊椎足夠的穩定，腹橫肌只需要施力約 **25**%。腹部只需要有柔軟的下沉感即可，而不是像氣球突然被放氣一樣，但許多人會在吸氣時會繃緊並用力拉。

這個動作主要是動員腹直肌與腹斜肌，並且抑制腹橫肌動作。要是胸腔強烈壓縮，伴隨著上腹部水平的皺摺，表示肌肉動得不正確；這會嚴重影響骨盆器官穩定，對剛分娩的媽咪來說，尤其危險。

## 腹橫肌與骨盆底的協調

腹橫肌與骨盆底肌是兩種重要的內部肌肉，共同合作讓腰骨盆穩定。只要腹肌與骨盆底肌能夠協調，不僅能穩定腰骨盆，也可以穩定其他肌群。

所以，產婦的腹肌延展疲乏與骨盆底肌功能的障礙，很有可能因為不曾有過協調狀況良好的經歷，而無法讓肌肉產生正確的動員。

## 腹橫肌複合姿勢訓練

當媽咪們學著正確地動員腹橫肌時，我建議可以開始地板運動。一旦學習了正確啟動，訓練腹橫肌做各個方向的運動是重要的，因為日常活動是多樣姿勢的。盡可能地採取直立脊椎對齊並避免駝背，於坐和站時特別注意。

## 如何讓脊椎正位定位？

媽咪們在開始任何運動前將身體擺正，使腹橫肌發揮最大作用是很重要的。接下來，讓我們一起尋找正確的身體姿勢囉！

**肌肉的「動員」**

動員（recruitment）是指身體在有動作之前，中樞神經系統指示局部性深層穩定肌群準備去反應，而讓身體一般產生動作的，則是整體性淺層穩定肌群的工作。

**圖 3-3　仰躺時的脊椎正位**

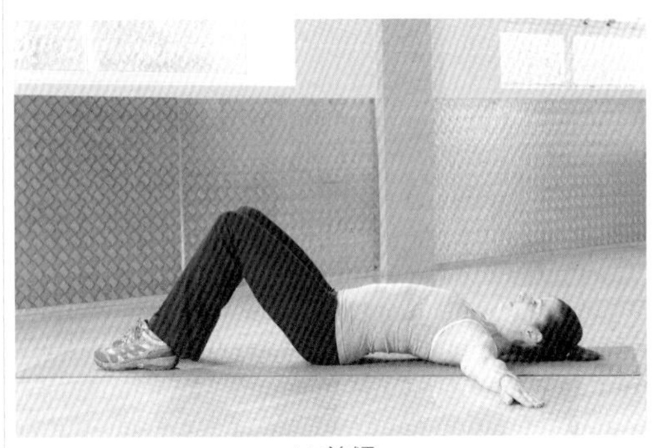

**(a)** 前傾

**(b)** 後傾

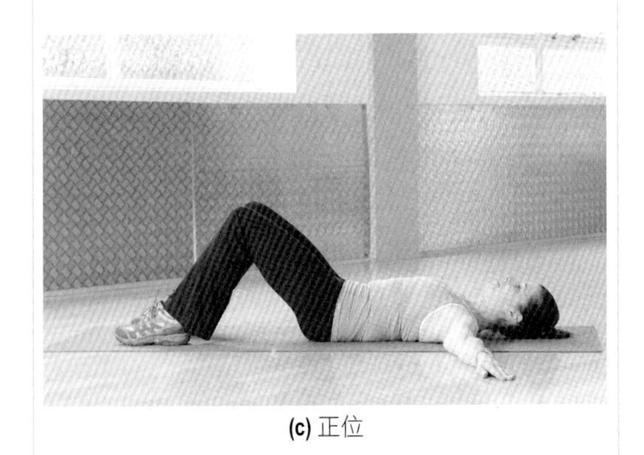

**(c)** 正位

### 仰躺

‧背部平躺、膝蓋彎曲、雙腳平放於地板，雙腳張開與臀同寬（臀寬應從前髂上棘的位置開始而非大腿外側）。

‧掌跟放在股骨上，指尖位於恥骨。

‧骨盆緩慢地向前滾（恥骨向下），讓你的背部弓起離地，指尖向下（前傾）。

‧慢慢地將骨盆往反方向滾，讓你的下背部靠在地上，指尖往上（後傾）。

‧找到這兩個極端的中間點、下背部脊椎正位的弧線位置，而掌根／指尖則位於同一個水平面。

‧這就是骨盆正位的姿勢。

**【注意】**這動作應該只有骨頭移動，維持這個動作時肌肉不應該收縮。讓自己有幾秒緩衝時間放鬆地開始這個動作，然後逐一檢查下面幾個重點：

‧左右腳重心平衡。

‧肩胛骨放鬆。

‧手臂從肩膀向外拉長。

‧胸骨放鬆。

‧鼻子與胸骨和恥骨成一線。

‧脊椎拉長。

這就是整個運動計畫預備動作章節中所說的脊椎正位。

**側躺**

自己做的時候因為難以發現錯誤，所以這個姿勢常做錯，最好能請家人幫忙觀察喔！

．頭放在小軟墊或手臂上側躺。

．上方的手靠在地上支撐。

．膝蓋彎曲，臀部兩側相疊。

．抬高腰部，防止骨盆傾斜（假如需要，可使用捲起的毛巾輔助）。

．以緩慢且控制的方式，使用先前的前傾與後傾動作找到骨盆正位位置。

．頭部保持向後與胸椎中段和薦骨連成一線。

．胸部拉長，肩膀向後打開。

．下臀部底下可以放塊毛巾會感覺舒服些。

**四點跪姿**

這也是另一個難以自我觀察的動作。

．將膝蓋放在臀部下方，雙手在肩膀底下，手指朝外。

．重心平均分散在膝蓋和雙手。

．利用先前的前傾與後傾找到骨盆正位的位置，以緩慢且控制的方式進行。

**圖 3-4　側躺時的脊椎正位**

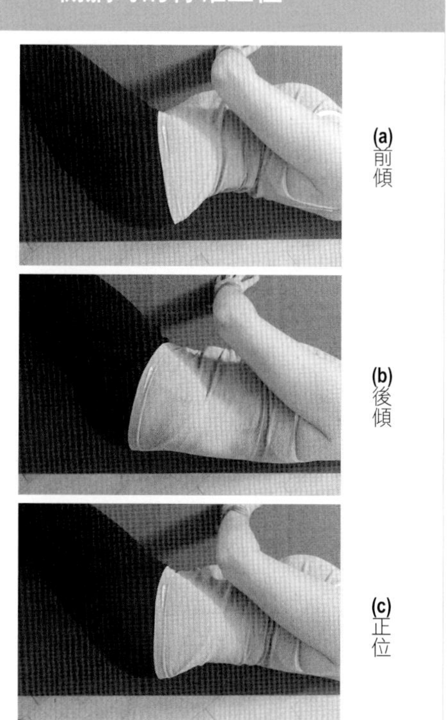


**圖 3-5　四點跪姿的脊椎正位**

・頭部向後，與胸椎中段和薦骨連成一線。

・雙手緩慢的推離而不彎曲胸椎。

・肩胛向下滑，放鬆手肘。

・脊椎拉長。

**坐姿**

・採坐姿，膝蓋彎曲，雙腳平放在地板上張開與臀同寬。

・脊椎拉長。

圖 3-6　坐姿脊椎正位

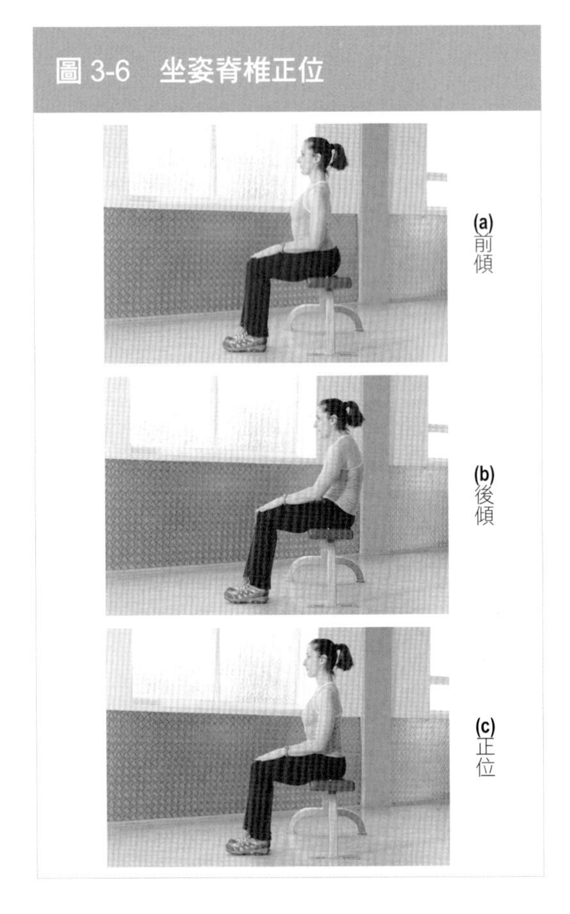


・利用先前的前傾與後傾找到骨盆正位，以緩慢且控制的方式進行。

・大腿前方放鬆。

・感覺你的坐骨支撐著身體的重量。

・肩胛骨放鬆。

・頭部向後，與胸椎中段和薦骨連成一線。

## 鍛鍊腹橫肌，改善腰骨盆穩定

### 第一階段

好了，接下來的練習，是為了改善腰骨盆穩定而設計的。應該緩慢且確實地進行。

注意別做得太快太用力，這有可能迫使驅動肌不穩定，使運動結果不如預期。上半身運動尤其對增加胸部靈活以及協助胸腔密閉有益。呼吸模式應著重於吐氣時腹橫肌的動員，確定局部穩定肌以團體形式工作。這些練習應作為整個運動中首次循環與增加呼吸的線索。一旦它們被動員了，就應該會在運動期間持續運作，不必一直提醒腹橫肌啟動。

**重要資訊**

在運動開始前，記得用吐氣讓腹橫肌動員，然後正常呼吸即可，不需要進一步提示。

圖 3-7 剪刀手

圖 3-8 展臂擴胸

## 剪刀手

### 預備

以脊椎正位姿勢仰臥。手臂朝天花板浮起，到肩膀正上方與胸部同高。肩胛骨放鬆置於地板上。

### 動作

吸氣預備，吐氣時動員腹橫肌，右手臂往頭上貼地，左手臂向下放在身旁。胸腔保持柔軟。手臂朝天花板，在胸部位置復歸並換手重複動作。

### 要訣

· 過程中維持脊椎正位。

· 運動範圍取決於保持胸腔貼平地面的能力。這對某些人是有困難，例如胸腔抬高，使手臂變成過度伸展不穩定。

· 要從背部中央移動手臂而不是從肩膀。

· 拉長手臂離開肩膀。

### 替代動作

這個動作也可以直立坐姿或站姿進行。

## 展臂擴胸

### 預備

以脊椎正位姿勢仰臥。手臂朝天花板浮起，

到肩膀正上方與胸部同高。肩胛骨放鬆置於地板上。

**動作**

吸氣預備，吐氣時動員腹橫肌，手臂往兩側在胸部位置朝地面降低。胸腔保持柔軟，當手臂張開時肩胛骨向下拉。手臂朝天花板回復並重複動作。

**要訣**

·過程中維持脊椎正位。

·運動範圍取決於保持胸腔貼平地面的能力。這對某些人是有困難的，要是胸腔抬高，會使手臂變成過度伸展不穩定。

·要從背部中央移動手臂而不是從肩膀。

·拉長手臂離開肩膀。

## 手臂畫圓

**預備**

以脊椎正位姿勢仰臥。手臂朝天花板浮起，到肩膀正上方與胸部同高。肩胛骨放鬆置於地板上。

**動作**

吸氣預備，吐氣時動員腹橫肌，右手臂往頭上貼地，胸腔保持柔軟。在雙手臂畫圓往下到身體兩旁之前暫停，肩胛骨向下拉。手臂往天花板抬高並重複動作。

圖 3-9　手臂畫圓

**要訣**

·整個運動中維持脊椎正位。

·運動範圍取決於保持胸腔貼平地面的能力。這對某些人是有困難的，要是胸腔抬高，會使手臂變成過度伸展不穩定。

·要從背部中央移動手臂而不是從肩膀。

·拉長手臂離開肩膀。

·當手臂畫圓時，從腋下往下拉。

## 滑腿

### 預備

以脊椎正位姿勢仰臥。

### 動作

吸氣預備，吐氣時動員腹橫肌，慢慢地沿著地板將一腿滑出，直到膝蓋拉直。伸展姿勢時暫停，確定正位位置沒有改變。將腿滑回開始位置並重複，換腿再做一次。

### 要訣

· 從臀部將腿向外拉。
· 避免搖晃骨盆。
· 避免膝蓋鎖死。
· 放鬆胸腔置於地板。
· 整個過程中保持上半身穩定。

### 進階動作

用相反的手和腳進行剪刀手動作。變成用同手同腳，整個過程中維持脊椎正位。

圖 3-10　滑腿

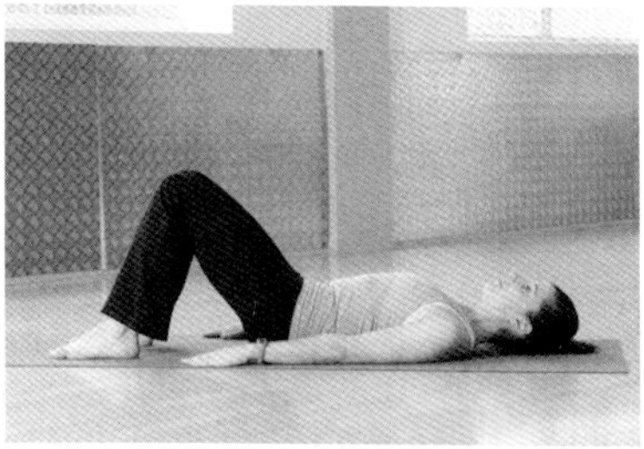

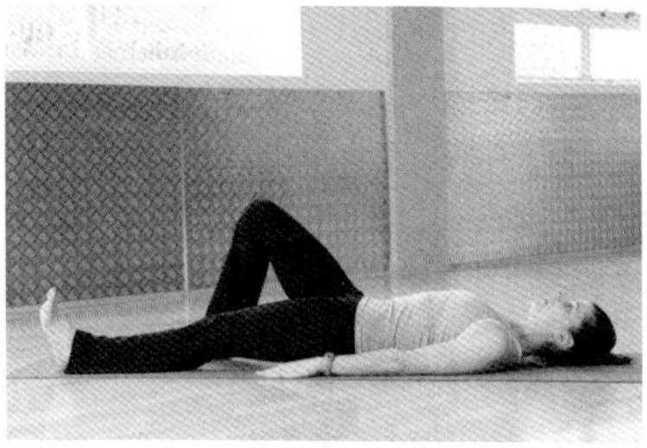

## 屈膝開跨

這個運動對控制大腿內收肌的長度很有效，而且可以與靠牆平行躺下限制運動範圍，並鼓勵內收肌放鬆。

### 預備

以脊椎正位姿勢仰臥。手肘彎曲，指尖放在髖骨上。

### 動作

吸氣預備，吐氣時動員腹橫肌，右側膝蓋向側邊張開時，腳向外滾而不抬高反側的臀。膝蓋張開時暫停，並確定正位對齊沒有改變。膝蓋回到開始姿勢並重複動作，然後換邊。

### 要訣

・整個動作中保持骨盆位置──雙手放在臀部檢查。

・動作範圍依據骨盆位置的維持而定。

・不使另一邊膝蓋與運動抗衡──保持朝上指向天花板。

・當大腿外擴時，胸腔保持柔軟貼地，以維持脊椎對齊。

・過程中保持上半身放鬆。

・拉長手臂離開肩膀。

・緩慢控制地進行。

圖 3-11　屈膝開跨

**【注意】**如果你的恥骨聯合或骶髂關節如有任何不適，請立即停止。

## 抬膝

### 預備

以脊椎正位姿勢仰臥。

### 動作

吸氣預備，吐氣時動員腹橫肌，一腳慢慢地抬離地面，膝蓋抬高過臀。暫停並確定仍置中對齊。大腿緩緩下降，保持脊椎正位。重複動作，換邊。

### 要訣

- 過程中維持脊椎正位。
- 腿抬起時避免下墜，或當下降時拱起。
- 腳慢慢抬高，促進更多有效運動。
- 避免施力於支撐的腳。
- 胸腔保持柔軟，上半身保持放鬆。
- 肩胛骨放鬆。

圖 3-12 抬膝

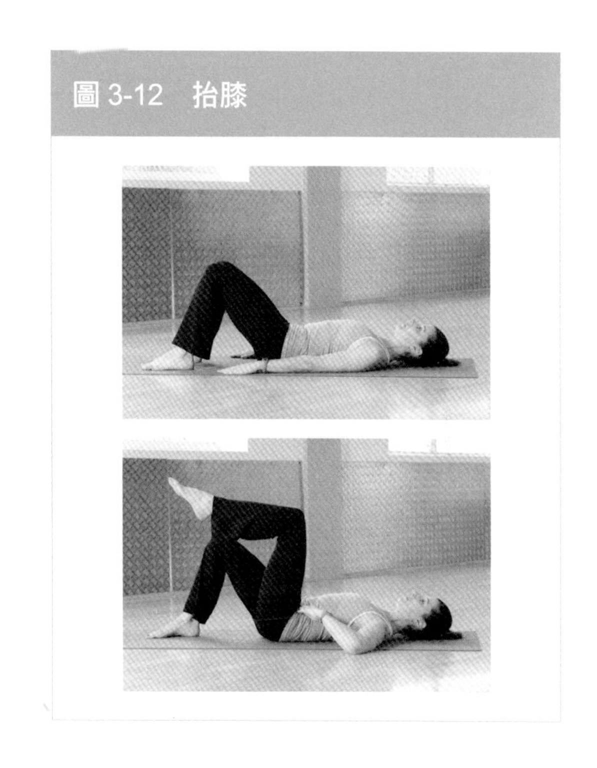

### 跪姿抬手

**預備**

採四點跪姿脊椎正位。

**動作**

跟著下面兩個分開的動作進行：

**1.** 吸氣預備，吐氣時動員腹橫肌，一手臂向前滑。手臂抬高時從指尖處拉長。目標為抬高直到與地板平行。暫停，確定正位位置沒有改變，肩胛骨放鬆。放下手臂並換邊重複。

**2.** 吸氣預備，吐氣時動員腹橫肌，慢慢地沿著地板將一腳滑出並保持骨盆水平，大腿向外拉長。暫停，確定正位位置沒有改變，然後再次將腿慢慢地縮回。換邊重複動作。

**進階動作**

這個進階動作能改善骶髂關節閉合力量。

· 用反側的手臂與腿結合兩個動作。

· 同上，但腿抬高離地。

圖 3-13　跪姿抬手

## 第二階段

這些運動比第一階段需要更多來自於整體穩定肌群的協助。它們一樣需要緩慢、深思熟慮地進行，以小範圍運動開始並隨穩定度改善而增加。太快或大動作都會迫使大驅動肌啟動，表現會與其目的相違。呼吸方式與腹橫肌介入模式和之前一樣。

### 膝蓋滾動

這個運動對增加脊椎的靈活度特別有效，但需要啟動腹斜肌。

**預備**

以脊椎正位姿勢仰臥，但雙腳併攏。

**動作**

吸氣預備，吐氣時動員腹橫肌，膝蓋慢慢地朝地板向左降低，使左邊臀部抬起但胸腔貼平地面。腹部施力，將膝蓋向後拉回開始位置前暫停。

**要訣**

· 膝蓋降低時胸腔保持柔軟。
· 轉動胸腔跨過地板，將膝蓋向後拉。
· 運動範圍依據控制的角度而定。

圖 3-14　膝蓋滾動

**桌面運動**

正確的桌面動作為膝蓋位於臀部上方脊椎正位。然而在這個階段要確定脊椎安全，有必要採用修改版動作，也就是胸前抱膝，膝蓋維持在胸部上方，下背部與地板貼平。

假如無法正確對齊，這個動作較能容許錯誤，使操作者維持脊椎正位而不會過度伸展。接下來的練習則源於胸前抱膝。一旦穩定度增加，他們便能進階到正位的桌面姿勢，但務必循序漸進。

**進入胸前抱膝運動**

· 動員腹橫肌並將一腳抬離地板，膝蓋拉高過胸。
· 讓骨盆傾斜，使下背部貼平地面。
· 另一邊膝蓋抬高加入並保持背部對齊。
· 一同拉動雙邊的膝蓋，並確定小腿與地面平行。

**【注意】**預防過度伸展，在抬高第二個膝蓋前可能需要用手將第一個膝蓋位置固定。

**重要資訊**

膝蓋滾動不適合骨盆帶疼痛，或是腹直肌分離超過兩指寬的女性。

### 懸空點腳趾

**預備**

採胸前抱膝的姿勢，手肘彎曲將指尖靠在髖骨上。

**動作**

吸氣預備，吐氣時動員腹橫肌並往地板降低右腳，從臀部移動而不是膝蓋。下背部應保持貼平地面。回到抬高姿勢並換邊重複。以小動作範圍開始，當穩定度改善後，再加大範圍。

**要訣**

· 維持小腿抬高膝蓋保持垂直。

· 腿放下時放鬆胸腔。

· 當腿放下時不讓骨盆向前滾，利用雙手控制所有骨盆動作。

· 過程中保持上半身放鬆。

· 避免靠在手肘上。

· 避免縮緊腹斜肌。

【**注意**】如果你的下背部不太舒服，用你的手臂將定位的膝蓋往胸前拉。

**進階動作**

· 當穩定度改善了，這個練習應在正位姿勢下進行；也就是膝蓋過臀，步驟過程中，保持脊椎正位。

· 與展臂擴胸一同練習。

圖 3-15　懸空點腳趾

## 滑腿

### 預備

採胸前抱膝姿勢，手肘彎曲指尖靠在髖骨上。

### 動作

吸氣預備，吐氣時動員腹橫肌且膝蓋緩慢地滑離胸部，小腿維持與地面平行而下背部貼平地面。在回到開始位置前短暫停止，檢查對齊。從小動作範圍開始，當穩定度改善後增加。腿部離胸口越遠越會需要穩定，因此從小動作範圍開始等穩定度改善再增加。要小心動作範圍不要增加過快，以免動員到驅動肌加入。

### 要訣

· 腿放下時放鬆胸腔。

· 不讓骨盆隨著雙腿向前滾，利用雙手監控所有骨盆動作。

· 保持小腿與地面平行。

· 過程中保持上半身放鬆。

· 避免靠在手肘上。

· 避免腹斜肌緊縮。

· 這個動作可將雙腳放在穩定球上練習。

### 進階動作

· 當肌力增加，這個練習可在正位姿勢下進行。動作應該很小，約 **3** ～ **6** 公分，並維持脊椎正位。

· 與手臂畫圓一同練習。

圖 3-16 滑腿

**【注意】**假如下背部感到不適，立刻停止並檢查方法是否正確。

## 單腿伸展

### 預備

採取胸前抱膝姿勢，雙手放鬆置於體側。

### 動作

吸氣預備，吐氣時動員腹橫肌，一腿朝天花板伸直，將另一邊膝蓋拉得更靠近胸前。換腳繼續同時移動，下背部保持貼平地面。上方的腿微彎可避免拉扯大腿後側肌。一旦達到協調與穩定，上方的腿可以朝地面降得更低一些（最多 **60** 度）。

### 要訣

‧任何腿部的外擴動作都會挑戰穩定度，應視情況調整。

‧雙腿向外移動時放鬆胸腔。

‧不讓骨盆跟腿向前滾

‧膝蓋避免鎖死。

‧過程中保持上半身放鬆。

‧避免靠在手肘上。

‧從肩膀處將手臂拉長。

‧避免縮緊腹斜肌。

**【注意】**如果下背部感到不適，上方的腿抬高，將彎曲的膝蓋更靠近胸口些。腿部過低會導致下背部離開地面。

圖 3-17　單腿伸展

### 動作調整

一腳放在地上，以正位姿勢進行。

## 腹直肌鬆弛怎麼辦？

### 為什麼需要縮短腹直肌？

懷孕時過度延展的腹直肌在強化訓練開始前一定要先縮短。假如在肌肉重新對齊，或在腹橫肌再訓練前，就開始強化運動，那肚子保證一定會凸一圈。

### 什麼運動可以幫助縮短腹直肌？

・以越多姿勢進行骨盆前傾越好，可以將肌肉收緊。

・利用內縮運動加強運動腹直肌，例如半後捲或骨盆傾斜上捲。

透過檢查腹直肌狀態來確定兩側肌肉分離的程度，是很重要的。可使用「手指檢查法」，發現分離狀況太嚴重的時候就開始做腹直肌的阻力運動，會阻礙腹部復元。而結果還是會因胎兒大小、生產胎數、運動歷史及產後運動類型和數量，而有所不同。

#### 手指檢查法

以下是對於腹直肌分離自我檢查的說明。

**預備**

以脊椎正位姿勢仰臥。腹部放鬆，將單手的兩隻手指放在肚臍正上方，掌心朝向胸部對準胸骨。腹部輕輕施力（做此動作時，注意指甲須剪短！）

**動作**

吸氣預備，吐氣時動員腹橫肌，頭和肩膀慢慢抬高離地，指尖稍微在腹部用力。暫停，繼續呼吸並記住指尖下的感覺。頭和肩膀以控制的方式放下，指尖位置不變。

**說明**

・當頭與肩膀抬高時，你應該能感覺兩條直肌在指尖周圍靠近，中心的白線隨著下陷。

・若沒辦法感覺到，可能需要再往上捲高。

・假如兩條肌肉之間的縫隙大於 **2** 個手指，用 **3** 隻手指重複測試。

**圖 3-18　腹直肌分離自我測試**

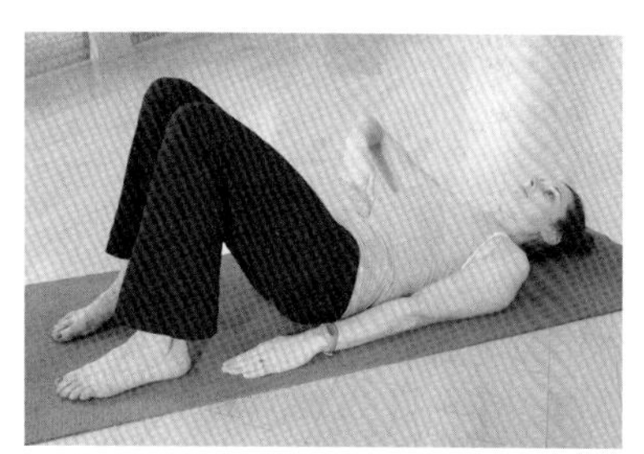

**(a)** 腹部放鬆，指尖放在肚臍上方。

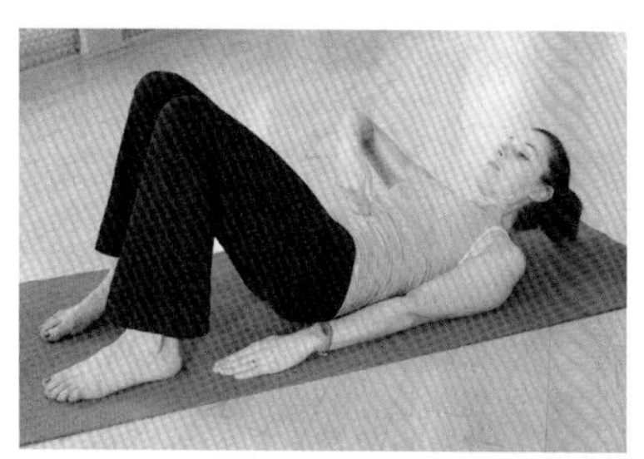

**(b)** 吸氣動員腹橫肌，頭肩慢慢抬起。

．由於結果可能不同，要在肚臍下方重複這個測試。

．多次檢查直到你確定結果。

**【注意】**位於兩條直肌之間的結締組織仍為拉長而且疲乏，所以在測試中會發現手指深陷於腹部當中。

### 腹直肌分離，能不能回復？

多數的案例是約 **8** 週即可回復到最多離肚臍兩指寬（**2** 公分），而許多女性察覺腹部突出於此時回復。如果空隙比這個還寬，肌肉仍能復元，只要提供正確練習給予執行。

即使是完全復元，肌肉卻總是稍微分離（大約 **1.5** ～ **2** 公分），但其中的差異可從白線的肌理感覺得到。因此，當肌肉緊實了，手指也不會陷得這麼深了。

### 如果分離超過兩指寬可以進行哪種運動呢？

．以越多合適的姿勢進行骨盆運動越好。

．第一階段的運動。

### 應避免何種運動？

．任何會形成小腹隆起的運動。

．阻力屈曲，千萬別做仰臥起坐！

．某些會使腹直肌伸入腱膜的腹斜肌運動。

．高強度，稱為「穩定」運動，常在不平滑的表面例如球上進行。

．任何有大旋轉或側彎的運動或活動。

．會伸展腹肌的動作。

．因四點跪姿練習增加脆弱結構的負擔，可能不適合。

．誤信單獨的腹橫肌運動會平坦小腹而過度緊繃和緊縮腹部。

### 假如分離小於兩指寬，該進行何種運動？

每位孕婦的腹部肌肉結構經歷變化，因此建議每位都從相同的點開始，儘管有些人的進度明顯快過其他人。即使是經驗豐富，分離情形極微的運動者都需要強調腹橫肌啟動，因為也許有動員模式問題需要矯正。

針對腹橫肌與腹直肌總是從第一階段的運動開始，如果忽略這個重要的步驟可能阻礙完全復元。

### 腹部隆起

腹部隆起是當腹直肌帶仍為分離且／或腹白線尚未完全恢復時，在腹壁所形成的凸起。

#### 小腹隆起有害腹肌

假如在腹直肌運動中持續嚴重隆起小腹，便會危及腹直肌重新校正，這也會影響整個腹圍的功能。最脆弱的範圍在肚臍四周，因為這是白線和下腱劃的交會處。也是妊娠期間延展得較嚴重的地方。

# 搶救腹直肌的運動

## 有效縮緊腹直肌的骨盆運動

### 脊椎骨盆運動

**預備**

以脊椎正位姿勢仰臥。

**動作**

吸氣預備，吐氣時動員腹橫肌、恥骨朝胸骨傾斜（前傾）。感覺背部順著地板拉長。暫停，繼續呼吸。以控制的方式放鬆回到正位姿勢。

**要訣**

・當肌肉縮短時，會感覺到腹部稍微朝脊椎內縮。

・用腹肌而不是臀部開啟動作——臀部應保持放鬆。

・注意肋骨至臀的連結。

・胸部柔軟且肩膀放鬆。

・放鬆時不使背部過度拱起。

圖 3-19 脊椎骨盆運動

**脊椎捲動**

除了縮短腹直肌之外這也是脊柱堆疊的絕佳運動。也可以運動常隨著妊娠而虛弱的臀大肌。

**預備**

以脊椎正位姿勢仰臥，手臂靠在身體兩側。

**動作**

與上面的骨盆運動相同，加深腹部動作使脊椎開始以脊柱一個個剝離地面。感覺當抬高時脊椎拉長並且分離，在肩胛骨的尖端剛好離開地面的時候暫停。抬高姿勢暫停時形成一條通過膝蓋臀部和肩膀的對角線。

**要訣**

· 用腹部開始動作。

· 試著分開每一個脊柱讓他個別與地板接觸。

· 重心維持在肩胛骨的上半部，不要使用頸部抬高。

· 在動作的頂點保持對齊，肋骨放低。

· 下降開始時專注在胸腔樞紐。

· 腹部挖空，輔助脊椎彎曲。

· 通過任何緊繃區域時，放慢速度以增加動作範圍。

· 身體下降時從頭部將尾骨向外拉長。

· 當你降低時，肩胛骨往地面下拉避免上半身拱起。

圖 3-20　脊椎捲動

**【注意】**如果臀大肌虛弱，最大的膕膀肌會凸起伸展臀部，這會使膕膀肌抽筋。

### 跪姿骨盆運動

**預備**

以四點跪姿脊椎正位姿勢開始。

**動作**

吸氣預備，吐氣時動員腹橫肌，並向下傾斜骨盆，尾骨捲起，將臀部拉靠近肋骨。手肘保持微彎避免鎖死。靜止幾秒，繼續呼吸後，以控制的方式下降回到開始位置，並注意別讓背拱起。

**要訣**

· 用腹直肌開始動作，避免縮臀。

· 用腹部開始動作。

· 從頭部將尾骨向外拉長。

· 保持肩胛骨向下滑。

· 如果發現這個姿勢不舒服，造成手指刺痛或麻，你可以試著將額頭靠在椅子上。

### 點頭跪姿骨盆運動

除了縮短腹直肌，對脊椎伸展也很好。如同

圖 3-21　跪姿骨盆運動

圖 3-22　點頭跪姿骨盆運動

上述的跪姿骨盆運動，但朝天花板抬高拱起背部使動作更深入，肋骨拉靠近臀部且頭部朝恥骨向下捲。

**要訣**

· 避免用肩膀引導。

· 用腹部開始骨盆運動。

· 捲動同時想像拉長以避免垮向下背部。

· 注意肋骨至臀的連結。

· 背部形成一個 C 形（可能需要縮臀才能達到正確位置）。

· 肩膀放鬆並保持頭部對齊。

· 如果腹部開始顫抖，回復到直立坐姿。

**【注意】**如果腹部開始凸出，恢復開始姿勢再試一次，確定腹橫肌已預備妥當。假如下背部感到不適，縮小運動範圍。

**進階動作**

這個練習可以發展成內範圍運動。

## 坐姿骨盆運動

**預備**

以正位姿勢，坐在椅子或地板上，雙手稍微握住大腿下方。

**動作**

吸氣預備，吐氣時動員腹橫肌並傾斜骨盆，腹部挖空恥骨抬高，同時緩緩坐滾至上臀部。避免用手臂支撐。暫停，繼續呼吸。回到直立坐姿。

圖 3-23　坐姿骨盆運動

## 腹直肌內縮訓練

### 坐姿骨盆運動

同上，逐漸延長暫停的時間是 **30** 秒。如果腹部開始顫抖，便表示運動過度，須回到直立坐姿。

#### 進階動作

・移開手部支撐並將手臂往胸前伸長。動作範圍或許需要縮小以維持技巧。

・一旦能輕鬆達成便能更向後捲些擴大動作範圍。

・維持後滾姿勢並進行幾組剪刀手（見 **33** 頁）練習。

### 頭肩抬高骨盆運動

這個練習是唯一的阻力屈曲運動，並已經包含腹直肌縮短和內縮訓練。由於安全及有效地操作此練習的技巧困難，這個練習若有專業教練指導比較好。

**圖 3-24　頭肩抬高骨盆運動**

#### 不正確的頭部位置

頸部痠痛不適常伴隨仰臥起坐出現，可以歸咎為頸椎後凸結果，導致頸屈肌衰弱。頸部壓力使其惡化，由於全天候照顧嬰兒，許多產婦都有這樣的經驗。

**圖 3-25　抬起時的頭部位置**

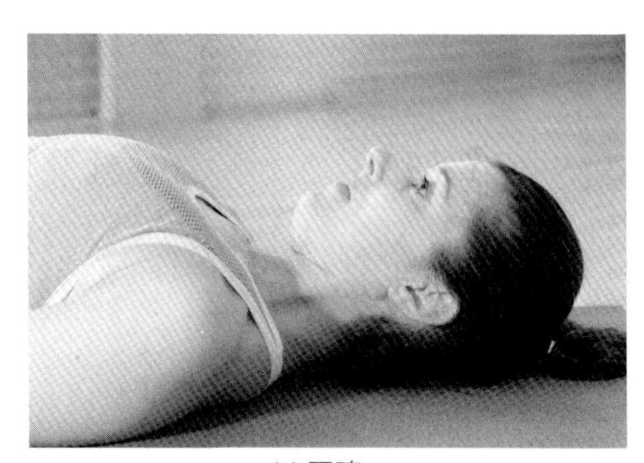

**(a)** 正確。

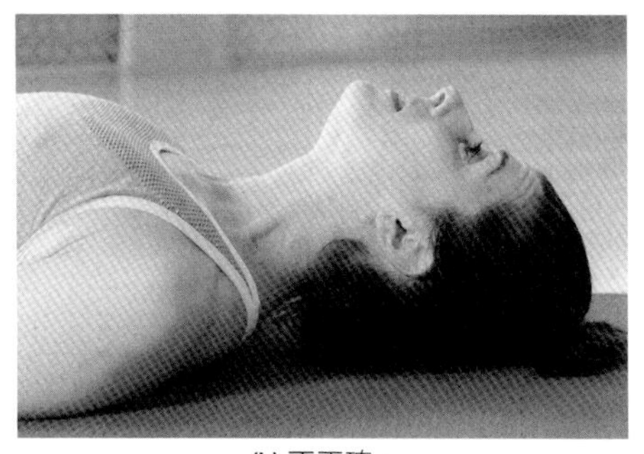

**(b)** 不正確。

**正確的頭部位置**

頭部保持放鬆放在地上，拉長穿過頸部後方，使下巴往胸前縮而不過度往內。肩膀向你的後方滑動，當你的肋骨向臀部捲動時，保持頸部後方的長度。絕佳的方法是將嬰兒發聲玩具放在下巴，而不使它發出聲音或掉落；或者是將舌頭放在上顎舒緩頸屈肌壓力。

**預備**

以脊椎正位姿勢仰臥，雙手放鬆放在身體兩側地上。順著地面拉長頭部後方，並拉到正確位置。

**動作**

吸氣預備，吐氣時動員腹橫肌，骨盆傾斜，胸腔往臀部捲動，頭與肩膀抬離地面。抬高時頭與脊椎維持一直線。在頂點時暫停，然後控制地下降回到正位開始位置。

**要訣**

· 從胸腔開啟動作而不是頭和肩膀。

· 捲動脊椎時手臂往腳伸出。

· 頸部拉長肩胛骨往下

· 確定腹橫肌在抬高前即已啟動。

· 避免臀部緊縮。

· 放鬆時不使背部過度伸展。

· 最初你會發現頭底下放個緩衝物會比較舒服，當你開始覺得強壯些就移開。

**【注意】**上捲至腹部仍然維持平坦的高度；假如出現隆起則高度降低。

## 仰臥起坐有什麼問題？

正當大多數的媽咪急著趕快開始仰臥起坐時，我有必要澄清，這並不會使小腹平坦。（這大概是大家想做的原因吧！）腰骨盆穩定不佳，導致腹內壓被在上捲的時候導引至腹部和骨盆底肌肉，使腹部被向外推且或骨盆底被向下推，甚至會增加骨盆底肌肉負擔的活動，完全不適合有骨盆底肌肉功能障礙的女性。

## 腰骨盆穩定重新恢復了會怎樣？

一旦腹直肌在內範圍收縮之中長度縮短並重拾力量，腹直肌與腹外斜肌的強化運動，應與增加日常活動強度的功能性動作配合。起床這個動作除外，這些肌肉是不需要抗阻力的仰臥

圖 3-26

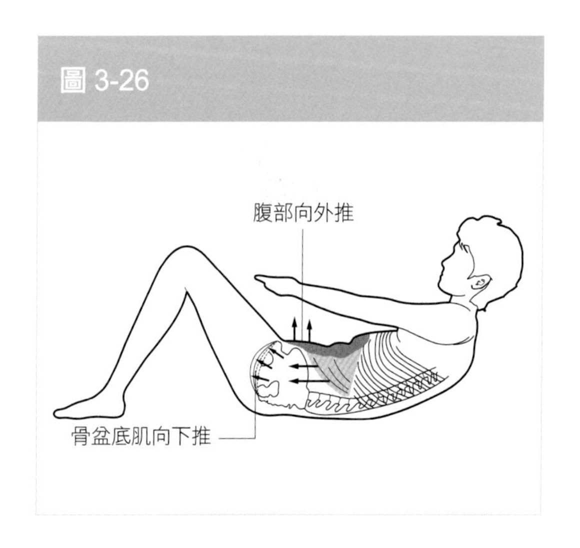

活動，因此何必訓練？在直立姿勢下挑戰肌肉改善腰骨盆穩定，訓練全身以一個整合的系統工作，並幫助功能性健身。

## 本章重點掃描

・直肌鞘是三層腹肌的腹膜所組成的。

・來自於每一邊的肌肉腱膜在腹部中央匯集形成白線。

・腹部腱膜受到鬆弛素的影響，使得腹直肌自白線延展並分離。

・腹直肌可以拉長大約 **20** 公分，而腰身則可增加 **50** 公分。

・產後 **4** 天肌肉會開始重新收齊，但修復可能需要 **6** 週或更久。

・骨盆傾斜與內範圍收縮訓練會幫助腹直肌縮短。

・腹橫肌是深層姿勢肌的一種，僅能在低強度下運作。

・一旦啟動腹橫肌，應該以那個運動模式繼續進行。

・更困難的腹橫肌動員，可以在剖腹產之後再來體驗。

・腹部強而有力的伸展，會動員其他的腹部肌肉。

・應該避免過度地收緊，以免動員到錯誤的肌肉。

・腰骨盆穩定應與低強度練習重新開始。

・高強度「核心穩定」運動應避免，直到腰骨盆支持功能的恢復。

・約有 **50**%的產婦有骨盆底肌障礙，並不適合仰臥起坐！

・建議以功能性的姿勢鍛鍊腹肌。

# Chapter 4 拯救內臟脫垂的運動

## 了解骨盆底的結構

骨盆底位於骨盆底部的肌肉狀平台，是肌肉和筋膜的結合體，在骨盆出口組成一個吊網，以支撐骨盆與腹腔內各種器官。從前方的恥骨到後方的尾骨連結到骨盆壁，由兩個半部的骨盆在中央接合，以使尿道、陰道和肛門得以通過。淺層肌肉呈 **8** 字形圍繞在這些開口。骨盆底的結構分為四層：

圖 4-1　骨盆底肌側視圖

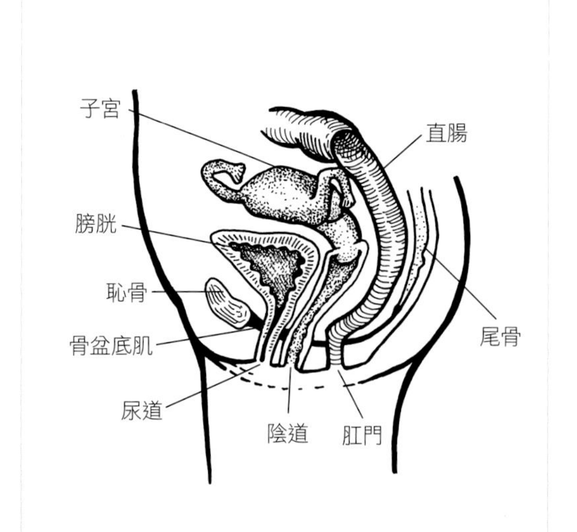


**1.** 位在肌肉本體之上的最深層筋膜，包圍、懸吊內部器官並提供骨盆底肌附著。這一層在壓力之下提供有限的支撐，並且需要骨盆底肌的協助。

**2.** 提肛肌群是主要的肌肉層，與其上下的筋膜層相連，並形成穿過尿道陰道與肛門的通道。提肛肌也會幫助控制膀胱與腸的括約肌。

**3.** 會陰膜為一細密的三角形膜狀構造，與尿道和陰道相連至骨盆壁。會陰膜由筋膜組成，當提肛肌放鬆時會彈性收縮給予支撐。

**4.** 會陰淺層肌形成外生殖肌，在開口處排成 **8** 字形（前面的環狀包圍尿道和陰道，後面的環狀圍繞著肛門）。這兩個環狀交會的中心，就是會陰。主要為性方面的功能，為排尿控制所提供的協助也最少。

圖 4-2 深層提肛肌

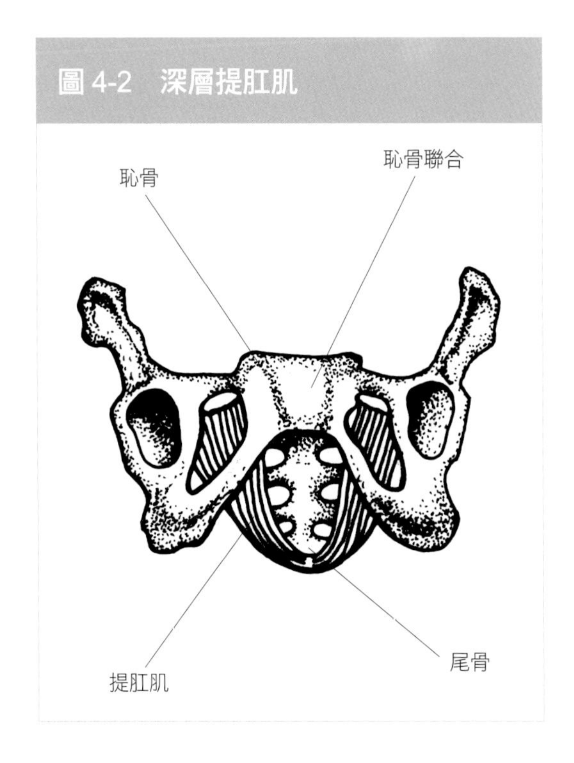


圖 4-3 淺層骨盆底肌

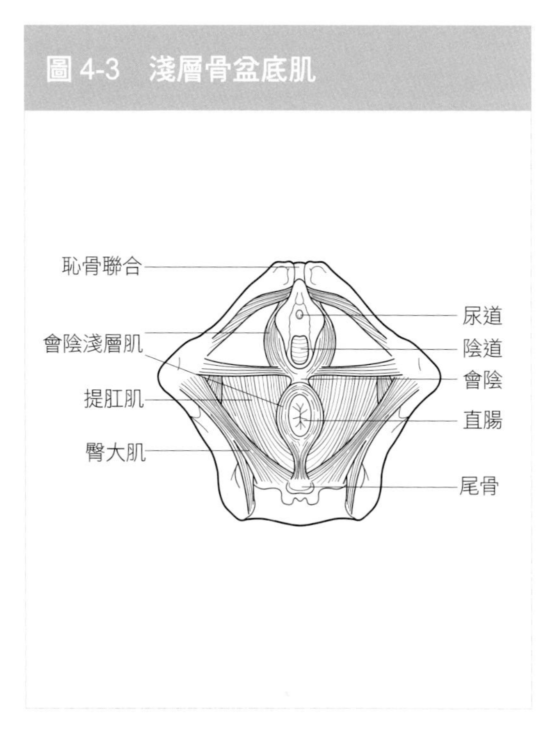


## 骨盆底的功能

· 支撐骨盆器官預防脫垂。
· 促進排尿與排便。
· 穩定腰椎與骨盆。
· 抵抗突然升高的腹腔內部壓力。
· 抑制突如其來的推力。
· 膀胱活動。
· 幫助胎兒在生產時轉向。
· 增進性滿足。

### 膀胱與骨盆底的關係

膀胱和骨盆底肌群的運作互為對應：排尿時，膀胱是個肌肉發達的袋子，收縮以排出尿液，而此時骨盆底肌群就放鬆；當尿液排出後，骨盆底肌群就會收縮，而膀胱就會放鬆。克制是取決於尿道括約肌的壓力，以保持關閉的狀態，而且這個壓力必須大於膀胱的壓力，不管是休息或運作中。骨盆底肌群提供了大約 **1/3** 的關閉壓力，是十分重要的。

### 慢肌與快肌

慢肌與快肌同時出現在提肛肌中。提肛肌中大概 **65**％為慢肌主要為穩定與支撐。支撐器官，以最理想的角度維持膀胱頸並抑制不必要的膀胱活動。

其餘的則為慢肌在身體活動時抵銷急速增加的內腹部壓力，例如咳嗽或打噴嚏，當他們收縮時，會將膀胱頸提高至腹腔，避免尿失禁。

既為局部穩定肌內部肌群的一部分，這些肌肉在手臂或軀幹運動前應該會自動繃緊。

## 妊娠時骨盆底的變化

隨著妊娠子宮重量增加，韌帶鬆弛，動作加大，骨盆底壓力逐漸增加，以上的這些變化，都是鬆弛素增加的結果。提肛肌位於兩層結締組織之間，當肌肉在沉重負載之下，其支撐力會下降；神經啟動了這些肌肉，也會進行伸展。而妊娠本身就會增加尿失禁的風險，不管是以哪種方式生產。

膠原再生會決定結締組織的強度，這是遺傳的，因此有些女性的風險高於其他女性，也就是有嚴重妊娠紋狀況或過度活動的女性，她的骨盆底肌最有可能發生問題。而有些女性在妊娠後期出現尿失禁也是很普遍的。

### 陰道生產對骨盆底的影響

懷孕媽媽首次以陰道生產，會造成肌肉、筋膜及神經損傷，更可能會在下一次生產造成更大的傷害。

在第二產程中所有骨盆底肌肉層必須延展以便胎兒下降時可以順利通過；快速通過產道或缺乏彈性時，會造成單層或更多的撕裂傷。而

圖 4-4　生產時的提肛肌

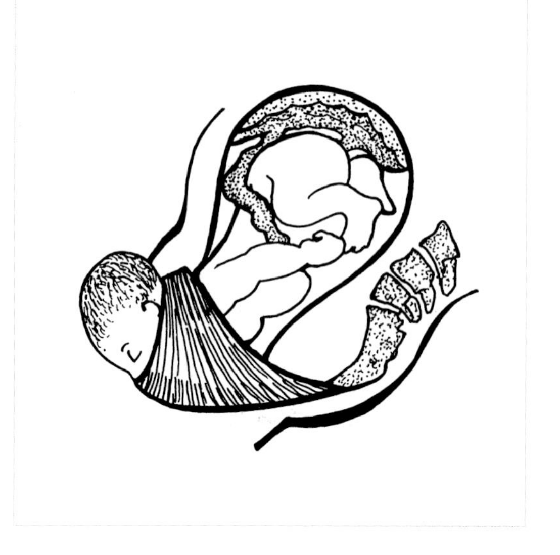

提肛肌和尿道外括約肌均會延展至可能受傷的程度。啟動尿道外括約肌的陰部神經，也可能會過度伸展。

妊娠與生產為骨盆底肌發生狀況的兩個主要原因。由於撕裂或會陰切開術會造成會陰部外傷，有高達 **50%**的女性在產後有某種程度的骨盆器官脫垂現象，並伴隨著膀胱與腸功能障礙的症狀。

一部分內部器官的損傷或衰弱，也會影響深層穩定系統其他部位的活動，影響所及，主要為姿勢與呼吸。

圖 4-5 陰道生產對骨盆底的影響

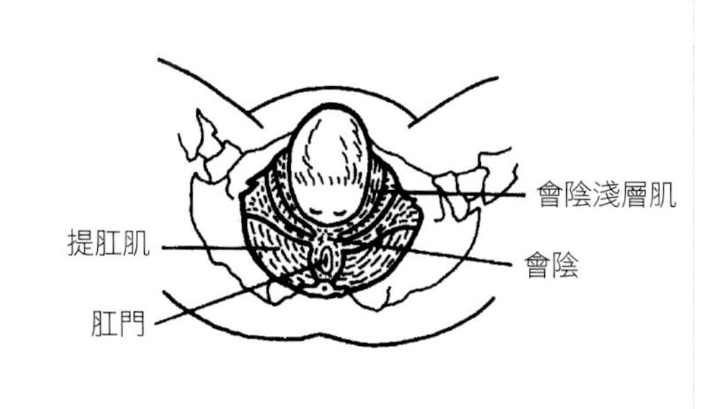


### 會陰切開術

會陰切開術是在會陰部開一個切口，以擴大陰道開口的手術。在這個年代，切開會陰已不是必要步驟了，通常只在胎兒娩出困難，須加速產程時才會執行。

### 縫合

如果會陰部在外陰手術中切開或傷口持續出血，便會進行縫合。傷口通常在 **10** 天內復合，而縫線溶解則要 **6** 週。

### 剖腹產

剖腹產的媽媽在產後通常不會覺得自己需要繼續進行骨盆底肌運動。雖然這些肌肉沒有過度延展和陰道生產的傷口，鬆弛素仍持續放鬆結締組織，而肌肉已經承受胎兒重量 **9** 個月了。剖腹產後的活動還是可能會對提肛肌造成傷害。所不論以何種方式生產，仍強烈建議進行骨盆底的復元運動。

### 尿失禁

尿失禁是在身體活動時不自主漏尿的情況，例如咳嗽、打噴嚏、伸張、提重物或跳，是生產後常見情形。就像腹橫肌一樣，骨盆底肌功能不佳可能是時機的問題，因此在咳嗽或打噴嚏前有意識地啟動這些肌肉，便能改善。

## 造成骨盆底功能異常的原因

· 較差的膠原蛋白形態。

· 單層或多層肌肉過度伸展

· 增加膀胱頸靈活，降低來自於尿道外括約肌的閉合壓力。

· 骨盆底肌啟動是由於陰部神經過度延展。這個神經損傷，會影響肌肉收縮能力。通常與難產有關，特別是產鉗分娩。

· 產鉗分娩可能增加十倍的骨盆底肌功能不全的問題。

· 進行中的第二產程超過 **2** 小時。

· 腰骶部與骶髂關節功能不全。

· 胎兒重量大於 **4** 公斤。

· 種族相關：高加索人女性的風險會高於黑人女性。

· 其他風險因素包含便秘、提重物、運動不當、慢性咳嗽、肥胖、骨盆手術、荷爾蒙狀態與老化。

可惜的是，許多女性認為這是分娩的自然結果，而且總是接受這樣的情況。如果沒有開始運動或尋求專業建議，短期和長期問題的風險都會增加。正確進行骨盆底肌肉運動可以改善這個問題；如果情況沒有改善，可能還需要轉介到女性健康中心接受專業物理治療。

## 骨盆底復元

分娩後會陰部的痠痛和不舒服會持續好幾天，甚至難以找到一個舒服的坐姿！如廁是不舒服而且痛苦的事，因此這個部位的運動沒那麼「急迫」！

其實，溫和的骨盆底肌運動可以幫助傷口癒合，並且藉著血液循環供給修復所需的養分，並排出廢物促進復元。骨盆底肌運動會減低因會陰部腫脹敏感引起的疼痛與不適，並幫助切口或撕裂傷邊緣癒合。如果陰部神經在分娩時已經過度拉長，會影響大腦傳遞訊息到骨盆底肌，神經會拉長並降低肌肉動員使復元時間更久。依據傷口持續的情況，大概需要 **6** ～ **8** 週，有些則更久。

在這之後，媽咪們的狀況會突然改善，暗示她們骨盆底肌力重新恢復，而以為自己可以停止運動。然而，這僅表示肌肉已重新啟動，而重要的是應該從此時開始進行肌力訓練計畫。

哺餵母乳的媽咪會發現頭 **3** 個月因為泌乳素增加抑制了雌激素，而導致很難強化骨盆底肌。主要是提肛肌會因為低雌激素與哺餵母乳的影響，而導致肌肉持續缺乏支撐力。

### 骨盆底運動應何時開始？

媽咪們的身體在產後會立刻開始修復，骨盆底肌運動應該在胎兒出生後盡早開始且越快越好，**24** 小時內最為理想。從未進行過骨盆底肌運動的媽媽會發現，拉長且虛弱的肌肉有動員上有困難，這是正常狀況，請別因此氣餒就不做了喔！

### 有效指導

有研究報告指出，有接近 **50**％的女性能夠從口述或書面解說進行骨盆底肌收縮。所以，在運動前花些時間詳細了解骨盆肌的結構與位置，是非常重要的。

#### 先從姿勢與呼吸開始

作為內核心肌群之一，骨盆底肌和其他三塊肌肉協調，是維持腰骨盆穩定的必要條件。當中只要有一塊肌肉變弱就會由不適合的肌肉取而代之。姿勢與呼吸在嘗試定位和重新訓練骨盆底肌前，需要觀察與改正。

#### 姿勢

以直立的坐與站姿轉換內核心肌群。彎腰駝背或無精打采姿勢，會使腹橫肌和骨盆底肌停工並阻礙橫膈膜在呼吸期間向下移動。隨時保持良好姿勢，是正確使骨盆底肌（與腹橫肌）動起來的基礎。

**呼吸**

我們吸氣時，橫膈膜會向下移動到腹腔中；骨盆底肌也會向下移，但會支撐著骨盆器官。吐氣時骨盆底肌與橫膈膜則會一起向上移。吐氣作用進行時，骨盆底肌活動會大於吸氣作用進行的時候。這個模式在開始骨盆底肌運動教學前，一定要建立。

不良的呼吸模式限制了橫膈膜運動，而且影響骨盆底肌的啟動。肋骨凸出表現了上胸腔呼吸，而在有慢性呼吸疾病，例如氣喘或有菸癮的女性身上，更容易辨別，也會出現在總是使用腹直肌／腹外斜肌撐著肚子的女性身上。

這樣錯誤的肌肉動員方式，使橫膈膜無法自由移動，加上肋骨被固定，讓呼吸變淺增加頸部與肩膀壓力，會連帶造成輔助呼吸肌過度工作。忙碌、高成就、不停下腳步放鬆、總是「蓄勢待發」的女性身上，也會發現這現象。

把許多情緒「累積」在腹部與縮小腹是女性常有的狀況。假如這種「累積」是由腹直肌／腹外斜肌完成，橫膈膜、骨盆底肌與腹橫肌便無法正常運作。

學習正確的腹式呼吸以恢復骨盆底肌功能是非常重要的。儘管這可能很基本也很耗時，卻是骨盆底肌再訓練重要的第一步。

圖 4-6　姿勢與骨盆底啟動

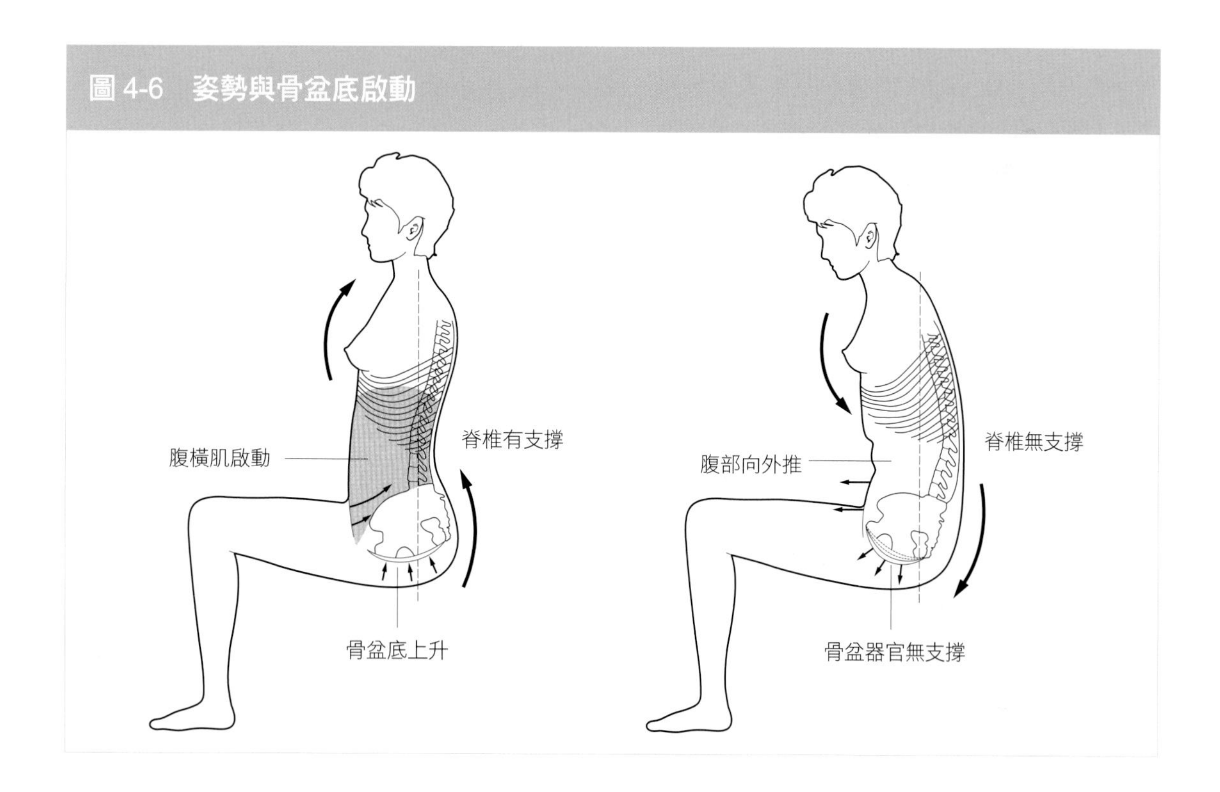

但是，直到能做對之前，不要隨便進入訓練階段。

### 正確的呼吸法

穿戴胸罩或腰帶在吸氣時會妨礙下肋擴張，因此感覺舒適很重要。

・雙手放在下胸腔，指尖朝內。

・吸氣，讓空氣充滿下胸腔和腹部，保持腹直肌／腹外斜肌放鬆。

・感覺肋骨往兩側擴張、腹部膨脹。

・吐氣時放鬆胸腔並感覺橫膈膜抬高。

腹部放鬆並使其柔軟膨脹，也許對有些婦女而言很困難。常年縮小腹，現在要放開則需要一點時間才能習慣。如果骨盆底肌有效地運作，肌肉的動員應會在吐氣時隨著橫膈膜向上。假如這沒有自動發生，便需要加強意識去啟動這些肌肉。

在進入肌肉動員階段之前，千萬要記得先學會正確呼吸的方式。

### 尋找正確肌肉

這真的很困難！因為我們看不到肌肉動作，而且只能靠微弱的內部感覺來確認，特別是骨盆底肌動員最艱難的障礙是找到正確的那一小塊！利用排尿時中斷的方式，常用來檢查肌肉是否有效率地運作，但這是不恰當的肌肉功能測試方法，也不應該使用。它混淆了膀胱骨盆底肌的機制，並增加尿道感染的風險。

對於正確肌肉動員方式，更恰當的建議有以下幾種：

・俯臥，一手放在尾骨關節上。

・坐姿前彎使骨盆底前方靠在椅子上。

・用手觸摸比基尼線。

・把腳抬高或捏腳趾。

・淋浴時將手指伸入陰道。

・性交時夾緊伴侶的陰莖（這個方法可能會出現其他反應，但最能確認！）

・坐在全身鏡前觀察自己的腰部肌肉是否有不正常緊繃。

用比喻來說明的話，會像是：

・拿電梯比喻，骨盆底肌緊縮就像電梯門關閉當電梯升高到一樓時同時由內往上拉高。

・想像恥骨和尾骨間與在坐骨兩側各有一條繩子，向上拉到中心。

・迷你龍捲風螺旋向上。

・向日葵花瓣向上閉合。

## 骨盆底再訓練

在生產後前幾週，若能選擇舒服的姿勢很重要。開始以側躺或仰臥姿勢能減輕骨盆底肌的負擔，要是可能的話，採用較有益於動員的正位姿勢。

以「快速骨盆底運動」練習開始比較簡單，尤其是曾經有傷口的部位。快速運動做得成功也會增加嘗試「慢速骨盆底運動」的自信。用側躺的姿勢做，可能會有單側無力的狀況，然而建議一起運動兩側，因為可能會從強壯的一邊開始有所改善。建議女性不要等到每天睡前才做這個運動，因為肌肉早已疲勞而使其他肌肉也更容易出現替代作用。

慢速骨盆運動剛開始只能維持幾秒，之後再漸漸地增加持續時間。嘗試維持太久、太快會有啟動耗損，與不自覺收縮「淡出」的結果。以維持一段短時間但仍然感覺在控制當中，較有效益。

一旦在直立坐姿下恢復肌肉動員，媽媽們應將骨盆底肌運動與日常活動結合，尤其當肌肉施力時：坐下，站起，彎腰，提重物，搬運等。在學習階段如果發現站著比較容易進行骨盆底肌運動，那大概做得不正確並且動員了腹直肌、腹外斜肌等的輔助肌。腹部出現水平紋線，以及肋骨下方鼓起都可以證實——記得仔細檢查這些地方。

**【注意】**等紅綠燈時在車內進行骨盆底肌練習並不是個好主意，大多數車子的座椅容易使人彎腰駝背！

以姿勢訓練骨盆底肌可以獲得改善，但焦點應放在每次都能達到最佳表現。骨盆底運動在一天當中應該少量多次地練習。當咳嗽、打噴嚏或提重物，骨盆底肌總是自主地緊縮抵擋增加的壓力。

這種用力前自主收縮的動作，提供尿道支撐並緩解漏尿的問題。因腹腔內部壓力使骨盆底向下壓會增加脫垂危險，所以肌力訓練一定要等到肌肉能正確動員才能開始，否則只會增強不正確的肌肉動員，並增加骨盆底肌的壓力。

### 使用快速與慢速運動的目的

慢速骨盆肌運動能改善肌肉靜止張力，進而維持膀胱頸的最大角度。當腹腔內部壓力增加，快速骨盆底肌收縮可避免漏尿。不論放鬆動作多大，如果快縮肌沒有跟上膀胱頸，骨盆底肌便無法預防漏尿。務必加強訓練這兩種型態的肌肉才能提供最佳支撐。

有許多訓練這兩種肌肉的運動，以下是本書推薦的方法。

圖 4-7　咳嗽時的肌肉動作

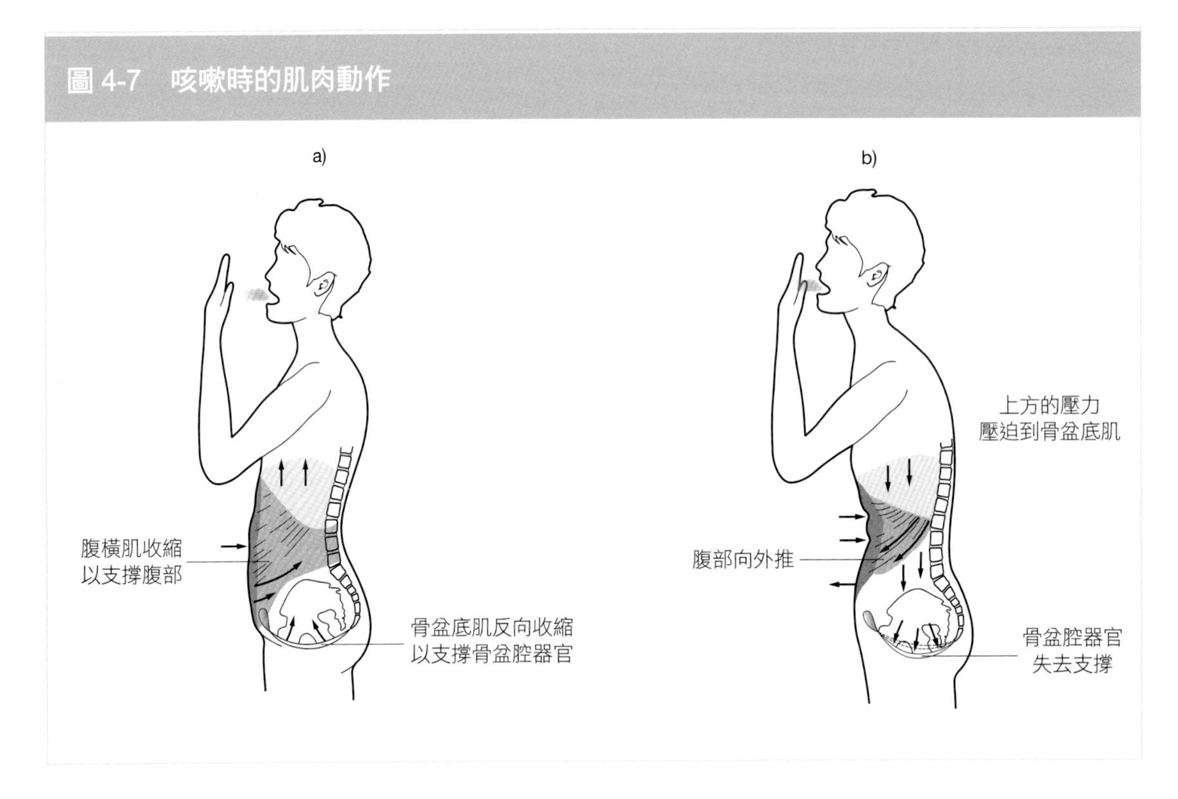


## 快速骨盆底運動

快速運動幫助強化反射動作，避免當內腹壓增加時，骨盆底被向下推以關閉膀胱頸避免漏尿。

### 預備

你可以用任何姿勢進行，不過我建議先從坐姿開始，用正位姿勢，檢查正確的肌肉動員。

### 動作

· 在一次快速骨盆底肌的收縮中繃緊，並抬得越高越好。

· 立刻放鬆。

· 重複 **8** ～ **10** 次。

**【注意】**這個練習是試著以相同速度和力道進行為首要目的。緩慢的重複循環因為快縮肌纖維很容易疲勞。

### 要訣

· 抬高時吐氣。

· 保持直立，腰部不彎曲。

· 避免縮臀。

· 放鬆時不要往下推。

如果感到困難，可以試著把手緊緊放在腰上慢慢地用力咳嗽。把注意力集中在腰線向側邊往手上推。

### 慢速骨盆底運動

為了重新訓練骨盆底肌肉的穩定功能，注意力應放在慢的、緩和的、較大的收縮。對於前面的（陰道和尿道）收縮，比起後面的（直腸的）要更專注。

**預備**

任何姿勢均可（躺、跪、站或坐），以正位姿勢雙腳略為張開。每次都使用上述正確的呼吸模式。

**動作**

· 吸氣同上。
· 吐氣時將骨盆底兩側拉向中央。
· 壓住前面就像停下來要小便一樣。
· 內部抬高。
· 靜止幾秒繼續呼吸。
· 控制地放鬆並下降。
· 重複 **8** ～ **10** 次。

**【注意】**如果幾秒後收縮失敗也就沒有什麼需要放鬆的了，那麼靜止的時間應該縮短些。

**要訣**

· 過程中維持呼吸。
· 向上拉的動作緩慢、輕柔。

**【注意】**小便時不要練習。

**重要資訊**

在任何運動時將力量向下推而不是往上提，是不恰當的錯誤動員，會增加器官脫垂危險。

## 穩定肌變得脆弱時，該怎麼辦？

替代現象出現在當深層姿勢肌不穩定的時候，整體穩定肌群（如腹直肌／腹外斜肌）便啟動協助，然後身體就會在每次需要支撐的時候，以這樣的方式對應。當骨盆底衰弱或不協調時，繼續使用並緊縮這些肌肉，會將壓力向下推到骨盆底並增加脫垂的危險。

圖 4-8　骨盆底壓抑與脫垂

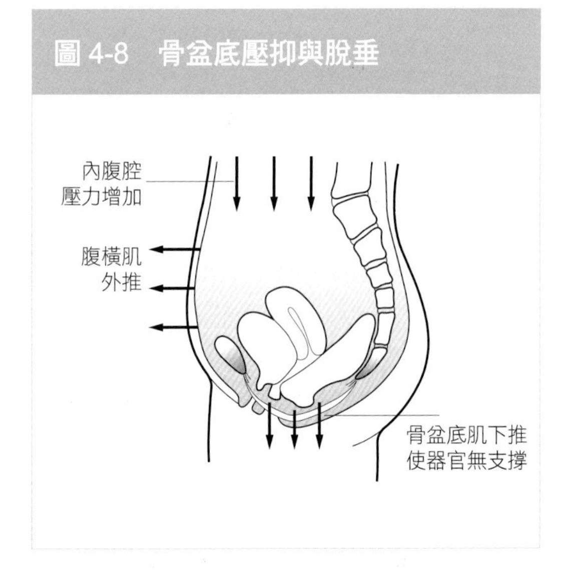


穩定肌失去功能，很有可能是因為下面這些原因：

・時機不正確（肌肉啟動得太晚）。

・缺乏耐力。

・強度不足。

除非不正確動員的模式停止，否則內部肌群無法恢復控制。以下為常用妥善處理步驟，請媽媽們細心觀察：

・憋氣：腹外斜肌會啟動以屏住呼吸。

・腹部變窄或凹陷使胸腔嚴重下墜——與腹直肌和腹外斜肌有關。

・骨盆後傾，腹直肌與臀大肌啟動——臀部輕微向內旋轉可降低替代作用。

・內側大腿靠在一起，啟動內收肌——雙腿張開與臀同寬，大腿不交叉，可以減少肌肉產生替代作用。

圖 4-9　骨盆底肌壓力增加的原因

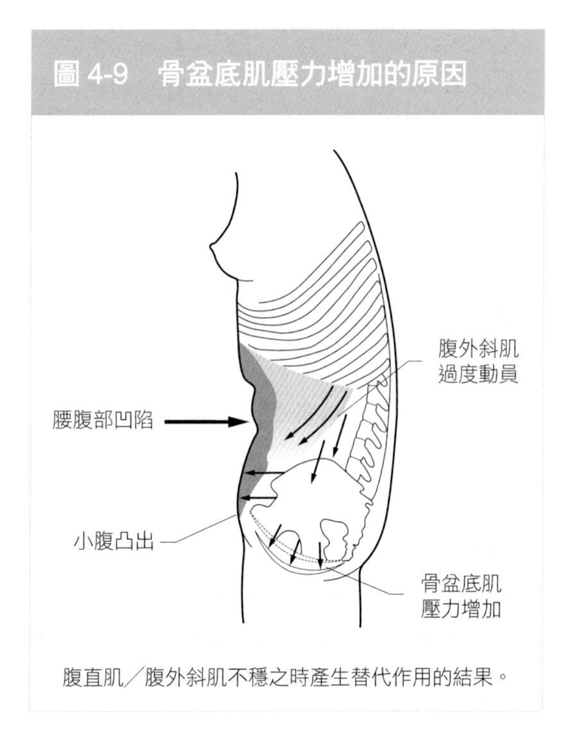


腹直肌／腹外斜肌不穩之時產生替代作用的結果。

## 其他考量

・姿勢不良是骨盆底功能不全的頭號原因。隨時保持正確的站與坐姿，但在運動骨盆底肌時特別加強。

・在動員時使腹部鼓起，表示骨盆底被向下推而不是往上拉。

・便秘可能影響骨盆底肌能力：如果直腸有糞便，就需要更用力。

## 有效訓練方式

直到肌肉能正確地動員，而沒有替代現象時，才開始做骨盆底肌力訓練是很重要的。最有效的訓練方式應注重實際身體狀況，並有定期執行想法，且盡可能精確地執行。

每天運動的次數沒有一定限制，只要肌肉不感到疲勞。肌力增加可以藉由每天三段，包含 **10** 個慢重複（目標為持續 **10** 秒）和 **10** 個快重複的練習來達成。如同任何肌肉訓練計畫，超出負荷時肌肉必然發生調適。透過下列四個要領來進行：

- 速率：持續的時間長度／收縮速度。
- 休息：練習之間的時間長度。
- 重複：運動的次數。
- 反作用力：側躺、仰臥、坐姿、站立，以及蹲下。

一次選擇一種進行方式以增加成功率。運動計畫搭配日常身體活動，特別是提重物、搬運的時候。

## 骨盆底運動應該持續多久？

骨盆底運動應該持續一輩子！然而，通常實行大約 **3** 個月，媽媽們便會停止骨盆底肌運動了。不過，還是可以發現到運動後的改善（可能是神經修復）並感覺肌肉恢復但肌力仍未回復。一旦學會了，這些運動應該跟生活形態結合，並融入日常生活中。

## 運動與骨盆底

運動會增加骨盆底肌負擔的活動，完全不適合有骨盆底肌功能不全的女性。這些包含高危險工作、仰臥起坐、任何形式的提重物（包括幼兒、行李和汽車座椅）。在高負載下，為了穩定和支撐，正確的骨盆底肌動員是必須的，否則腹直肌和腹外斜肌會啟動，並增加骨盆底肌的壓力。一旦骨盆底肌能正確動員而且支撐力恢復後，可以提比以前重量輕的物品。相同的原則也適用於跑步：只有曾經做過此運動，而且恰當的低階慢走應該恢復，儘管如此，在產後至少 **20** 週前不建議跑步。

### 腹部運動

如果骨盆底肌不能正確動員，腹部運作時增加的內腹部壓力，會往下增加在脆弱的骨盆底肌，增加脫垂的風險。大量的腹部阻力運動，要直到腹橫肌和骨盆底肌能正確動員，而且骨盆恢復穩定後開始。

圖 4-10　仰臥起坐的不良影響

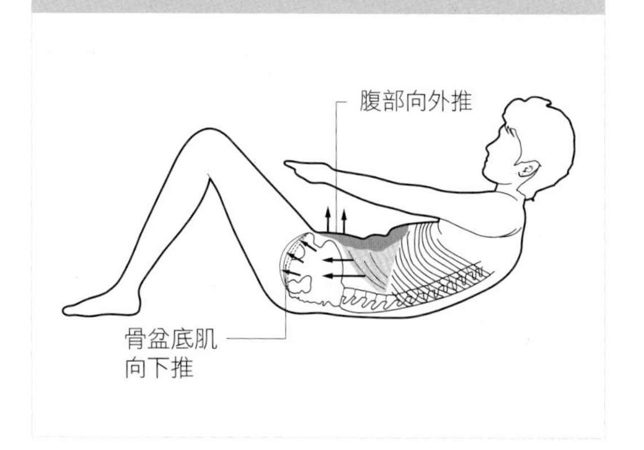

## 本章重點掃描

·骨盆底是骨盆底部的肌肉狀平台。

·骨盆底有兩層肌肉和兩層筋膜。

·骨盆底肌形成部分穩定肌的內部肌群。

·骨盆底肌為腰骨盆穩定的主力。

·妊娠會增加應力性尿失禁的風險。

·**50**%的產婦有骨盆器官脫垂現象。

·剖腹產的女性仍然需要訓練她們的骨盆底肌群。

·膠原蛋白型態的不良遺傳，是骨盆底肌功能不全的重要因素。

·骨盆底肌運動可以讓受傷的組織加速復元並減少腫脹。

·骨盆底肌運動可以幫助控制應力性的尿失禁問題。

·哺餵母乳的女性也許較不易強化她們的骨盆底肌力。

·正確的姿勢與呼吸是骨盆底肌群重新訓練的重要基礎。

·排尿時不應該進行骨盆底肌運動。

·不正確的運動選擇，會增加骨盆底肌的壓力，導致增加脫垂的危險。

·仰臥起坐運動並不適合骨盆底肌功能不全的女性。

·重新訓練應從緩和的姿勢開始，再進入到更功能性姿勢。

·快速與慢速骨盆運動都要練習。

·**6**～**8**週後的改善，可能是陰部神經修復的關係。

·應該立即開始骨盆底肌的肌力訓練計畫。

·一旦學會正確動員，應終生實行骨盆底肌運動。

# Chapter 5 與乳房有關的事

## 認識乳房的結構

乳房是用來製造乳汁的器官，位於胸大肌與前鋸肌上，並藉由一層深筋膜與其相連。乳房由乳腺組織和脂肪組成，附著在名為懸韌帶的結締組織之中，其介於皮膚與深筋膜之間，而韌帶則給予乳房支撐與形狀。

## 妊娠變化

隨著妊娠荷爾蒙增加，乳房從最早在第一孕期開始增大。雌激素濃度提高使脂肪沉積，再加上黃體素與鬆弛素一同刺激乳房組織增生。鬆弛素也讓乳管密集分支與延長使乳頭變大。整個乳房重量大約增加**800**克。體積變大與鬆弛素對於支撐韌帶的影響，會導致乳房組織延展。孕期間穿戴具支撐力的胸罩，和進行胸大肌強化運動可以預防過度下垂。在第三孕期，第四種荷爾蒙泌乳素為哺乳作準備，會刺激乳頭分泌富含新生兒所需營養素的黃色初乳液體。

## 產後變化

產後頭幾天胸部繼續製造初乳。初乳中脂肪含量少，但有豐富蛋白質、碳水化合物、抗體容易被嬰兒消化吸收。新生兒的腸道容易被穿透，而初乳在內部形成保護膜，提供對外來物質防護。在分娩後**48**小時內，是黃體素濃度最高、需要開始哺乳的時候。

### 充血

媽咪們開始大量分泌乳汁時，約在產後第**3**或**4**天，乳房開始充血，也就是發熱、腫脹而且堅硬。這是由於豐沛的乳汁充滿乳腺而且讓血流增加。當嬰兒開始吸吮，刺激泌乳素持續分泌。假如沒有開始哺乳，泌乳素濃度在幾天之內會回到正常，而乳房尺寸也會逐漸縮小。如果供過於求，不論時間長短或任何時間的哺餵母乳，乳房都會充血。

### 荷爾蒙變化與餵母乳的關係

#### 雌激素

泌乳素增加促進哺乳，使雌激素被抑制。雌激素降低會減少肌肉與關節的支撐。而雌激素不足會抑制卵巢功能並影響月經週期回復，但這不能完全達到避孕效果！卵巢功能抑制會帶來一些類似更年期的生理變化。這些變化包含了熱潮紅、夜間盜汗、陰道分泌物減少以及情緒不穩定。最戲劇化的副作用，則是骨質快速且大量地流失，前 **3** 個月平均流失高達 **5**%。

這是由於雌激素是維持骨質密度的必要元素。雌激素主要有三種功用：

- 維持骨頭生長與吸收平衡。
- 幫助身體從腸道吸收鈣質。
- 減少鈣質經由腎臟流失。

雌激素缺乏對骨質的影響高於運動和鈣質攝取：如果後兩個幫助維持骨質有兩倍效果，那麼雌激素則有十倍。餵母乳的女性在均衡飲食狀況下，每日鈣質需求約 **1000** 毫克。討厭乳製品或沒有均衡飲食的女性，應尋求協助補充健康食品。攝取適量的維他命 **D** 也很重要，能幫助鈣質從腸道轉移到血液中，也能從腎臟再吸收避免隨尿液排出。多鼓勵到戶外散步，因為陽光提供維他命 **D** 的天然來源。

### 餵母乳與骨質流失

儘管餵母乳的前 **3** 個月骨質快速流失，骨質密度會在停止餵母乳 **6** 個月內恢復。這研究同時表示，假如持續餵母乳超過 **6** 個月不會有額外的流失，而結果在懷孕 **4** 個月之後跟 **2** 個月或甚至更少的女性當中也沒有差異。

### 泌乳素

在分娩後前 **3** 個月泌乳素濃度各異且依哺乳頻率而定：

- 第 **1** 週因餵哺乳而略微增加。
- 第 **2** ～ **12** 週之間，增加 **2** ～ **3** 倍固定哺乳則更能增加 **10** ～ **20** 倍之多。
- **3** 個月之後，泌乳素基準線與未哺乳的女性相似並沒有明顯增加。泌乳素減少使雌激素增加，而月經周期隨之而來。

### 多巴胺

多巴胺是一種神經傳導物質，負責大腦資訊流動，與記憶、專注力、過程和情緒有關。泌乳素會抑制多巴胺製造，這或許能解釋許多女性產後的「嬰兒腦」現象。另一方面，專注力喪失和健忘，也可以歸咎於新手媽媽須同時處理多項任務。

不過，只要多做心肺運動，就可以促進多巴胺釋放。

## 姿勢變化

胸部尺寸與重量變化會將脊椎向前拉；再加上哺乳姿勢不良會造成頸椎和胸椎壓迫不舒服。應時常採取正確姿勢，強調脊椎打直肩膀放鬆的伸展。

以前胸部小的女性會覺得難為情，但應該鼓勵她們維持正確姿勢並抬頭挺胸。雖然新手媽媽多知道正確的哺乳姿勢，她們不會確實採用，尤其是寶寶煩躁不安或找不到乳房時。不當的哺乳姿勢會增加脊椎壓力造成頸肩緊繃與疼痛，繼續採用這樣的姿勢可能會更不舒服。

# 運動與餵母乳

## 運動與骨質流失

我強烈建議，媽咪們要維持定期的重量訓練和阻力訓練，來增加肌肉質量，才能支撐脆弱的結構。最近的研究指出，阻力運動和有氧運動可以減緩哺乳期的骨質流失！

### 骨骼負重

骨骼負重活動是必要的，但一定要在某個程度以上的活動量才能造成變化。

骨頭主要的機械壓力是來自骨骼肌與重力相互拉扯的結果。身體作用於地面的力量與地面的反作用力相等。作用於地面的力量越大，骨頭承受的反作用力也越大。這並不表示產婦需要進行高衝擊運動來恢復骨質密度，但建議細心挑選能夠增加骨骼負載而不影響其他結構的運動。

朝不同方向使用是骨骼負載的重要概念，但身為向前移動的生物，我們側向、背向以及對角方向的動作有限。骨質密度的變化與特定位置對應，重複的向前運動會以相同方式增加骨骼負載。

朝多方向運動的活動與分散移動到不同重心的動作，對於產後媽咪更有效而且合適，設計產後運動計畫時應該納入考慮。

## 運動與乳汁分泌

哺乳女性應該攝取多少液體？一般的建議是每餐及哺乳時要多喝一杯水；運動時要喝多少水，則沒有明確指示。但無論是運動或哺乳，水分攝取太少與母乳質量不佳還是有所關聯。總之，運動和哺乳的女性常常沒有增加足夠的水分，而檢查尿液顏色是最好的觀察方式——顏色越淡表示水分越充足。

## 哺乳與減重

哺乳每天會用掉 **500** 大卡的熱量，食欲難免增加，這有助於減重，特別是搭配中強度運動與適當的飲食。不過，劇烈節食和重複密集運動會嚴重降低母乳的質量，或停止泌乳。

# 運動注意事項

## 運動前哺乳

運動前哺乳很重要，可以減輕負擔和降低溢乳的問題。豐盈的乳房如果受到擠壓或撞擊，亦或是進行大範圍手臂運動會增加乳量。運動中即使沒有哺乳可能仍有少量溢漏——建議媽媽們使用溢乳墊。

## 該穿著何種胸罩？

運動中胸部需要穩定與支撐，所以好的胸罩是避免胸部組織過度伸展不可或缺的，雖然哺乳胸罩很方便，但無法提供有效支撐。

建議使用運動型胸罩，可以吸震並降低在身體活動時乳房晃動（必要時也可以穿在哺乳胸罩上）；寬肩帶幫助平均分散重量，可避免頸肩與上背痛；罩杯下緣寬則可以提供良好支撐。應避免鋼圈胸罩，而彈性運動緊身上衣將乳房往胸壁壓，則可能會壓縮乳腺引起乳腺炎。

## 動作範圍

保持舒適縮小動作範圍，或許要加上些手臂運動。必須考慮到胸部組織也往腋下延展，使得手肘很難保持對齊。哺乳持續影響並減低關節穩定度，適當調整是必要的——身體姿勢和關節對齊不應該為求達成結果而妥協。運動應保持在平常的範圍內直到停止哺乳。

## 身體姿勢

大多數的女性以俯臥進行運動，會覺得胸部極度不舒服。而其他哺乳不是那麼急迫的人則能短時間忍受這個姿勢。在胸部上下放置捲起的毛巾，可以減少一些壓力，但需要監控因為脊椎可能會過度伸展。

可能的話使用變化姿勢或器材，或是暫緩直到俯臥姿勢感覺舒適。前彎或四點跪姿可能因為胸部重量造成額外阻力與不適。胸大肌伸展必須與腹部預先啟動和胸腔向下拉一同進行避免過度伸展。

## 本章重點掃描

‧泌乳素濃度增加以利哺乳，卻會造成雌激素下降。

‧雌激素下降會導致大量骨質流失。

‧每日鈣質攝取應為 **1000** 毫克。

‧泌乳素會抑制神經傳導物質多巴胺。

‧妊娠時乳房重量增加大概是 **800** 克。

‧大胸部會影響姿勢且可能壓迫脊椎。

‧姿勢不良和哺乳位置可能造成頸部、肩膀和上背部緊繃。

‧運動前先哺乳以減少胸部重量。

‧良好支撐力的胸罩是必要的。

‧過度的手臂動作也許會造成溢乳。

‧上半身動作範圍可能要縮小。

‧需要改變姿勢維持胸部舒適。

‧為了增加肌肉組織與支撐脆弱的骨頭，必須定期重量訓練。

‧地面反作用力是骨頭負載的重要因素。

‧多方向性的運動作合適。

‧中等強度的運動和良好的衛生會影響母乳的質與量。

‧必須固定大量攝取液體避免脫水。

‧每天需要額外 **500** 大卡的熱量維持足夠的乳汁。

‧哺乳增加脂肪利用率有助於減肥。

# Chapter 6 小心！產後併發症

## 關節問題

### 骨盆帶疼痛

這是與骨盆相關問題的總稱，骨盆帶疼痛可能獨立或結合下背痛。常出現在女性懷孕間，造成大量不穩定與煩惱。約 **5** 名產婦當中會有 **1** 位出現症狀，從中度不適到非常嚴重都有。

#### 骨盆帶疼痛的原因為何？

一般導致骨盆帶疼痛的原因包含了：

· 骨盆部位關節不對稱移動。

· 來自於替代作用下的肌肉動員所導致的骨盆帶異常。

· 寶寶位置偶爾改變。

· 荷爾蒙的影響（僅有少數女性會發生）。

許多女性會把這個情形歸咎於懷孕荷爾蒙，但據研究指出，荷爾蒙濃度與關節鬆弛無關，是和身體適應結締組織改變有關。

姿勢改變會影響骨盆對齊，並增加關節鬆弛、恥骨聯合／骶髂關節分離。而研究表示疼痛與骨盆關節運動範圍增加，並沒有明顯關聯，所以應該是肌肉功能改變使得關節穩定度降低。假如沒有出現這些變化，疼痛還是可能發生。

骨盆帶疼痛似乎與不正確的肌肉動員模式有關。缺乏來自局部穩定肌的有效支撐，整體穩定肌群被動員，以提供脆弱的骨盆關節必要的支撐。大的整體穩定肌群並不是為了長時間工作而設計，並且會在強迫支撐時會縮短、繃緊。動員這些肌肉會使關節僵硬，並透過變硬來提供穩定，而促發了骨盆帶疼痛。

#### 風險因子

由於有些缺乏可判別因子的女性，也會出現骨盆帶疼痛。主要的危險因子最有可能是有下背痛舊疾和（或）骨盆有舊傷。其他風險因子則包含多胎、前次懷孕骨盆帶疼痛、工作負擔重、工作環境不佳、於妊娠末期或之前體重增加，以及關節過動等等。

#### 有哪些症狀？

媽咪們的疼痛可能會出現在一個或多個位置，如圖 **6-1** 所示，當用單腳走或站時更能感受到。尤其是爬樓梯、或進／出浴缸、在床上翻身、和進／出車子張開腿的時候。有些案例是會在運動的時候聽到摩擦或喀嚓聲，而且日常工作可能變得困難。提重物、搬東西、推或拉時常出現疼痛，女性可能在坐下或站起時顯得困難。常會採取蹣跚、拖著走的步伐，而且疼痛區極痛，甚至無法碰觸。

### 產後併發症還會持續多久？

絕大多數的女性在產後 **12** 週時狀況會改善，但有 **7**%會出現嚴重的骨盆帶疼痛，這可能是慢性病症的開端。

圖 6-1　骨盆疼痛位置

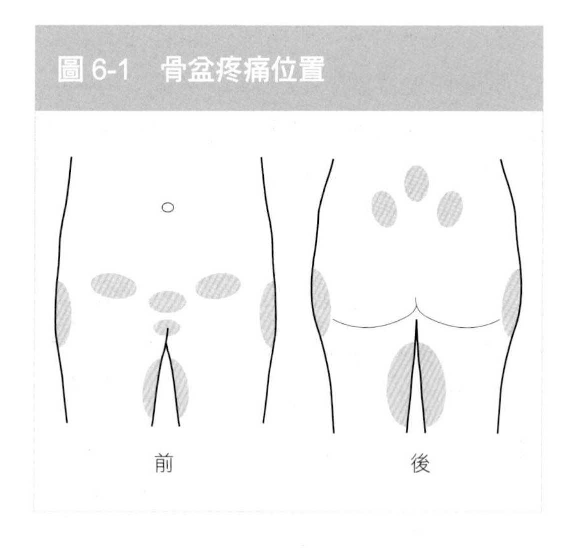


### 重要資訊

產婦顯現出持續骨盆疼痛徵兆時，應該請醫生推薦適合的物理治療師。

### 狀況突然改善就可以放心了？

許多在懷孕時出現骨盆帶疼痛的女性在分娩後，疼痛狀況便改善了。然而，這不表示問題不會再出現！許多女性會發現症狀與生理期或疲勞有關連，尤其是在一天接近將要結束，或是活動強度突然增加。有骨盆疼痛舊疾的媽媽要避免問題再次發生。未來懷孕時也需要格外小心。

「改善腰骨盆穩定」是最重要的方法，而練習正確直立姿勢將有助於改善。

### 日常生活的建議

・採取直立姿勢，特別是抱著嬰兒時。

・在腰部高度位置換尿布。

・採取直立坐姿，尤其是哺乳時。

・避免單腳站立或重量分配不均，也就是讓寶寶靠在單邊臀部上。

・跪在澡盆側邊而不要站著或彎腰。

・抱寶寶時將嬰兒床側欄降低。

・提與拿座椅時保持與身體靠近。

・洗碗和洗衣等家務工作時要格外注意。

・一天當中搭配短暫休息以免過度勞累。

建議女性懷孕時不要過度張開雙腿，並在進出車或床時格外小心。繼續以這種方式過度保護骨盆會延長內收肌張力：產婦應鼓勵以「正常」舒服的方式移動。

### 運動建議

應考慮以下各種肌肉特性：

・內收肌運動：這些肌肉可能會很緊繃，因此較合適溫和的伸展。

・外展肌運動：非負重運動比較適合。

・交叉訓練機和踏步機操作時是從一側換到

另一側，會重複改變身體重心，建議使用其他器材。

・快步走可能會引起不適。

・側移的動作不宜過大：儘管如此還是會不舒服。

・以單腳進行的運動需要密切觀察，以確保重量從支撐的臀部抬高，必要時改變動作。

・應避免側向劇烈搖晃臀部。

・蛙式游泳的腿部動作可能感覺不舒服。

・針對臀大肌的坐姿伸展，因為也會拉長外展肌所以特別適合。如果做得正確，它也可以使骨盆好好對齊。

・避免運動過度：謹記頻率、強度、時間和類型。

## 尾骨疼痛

尾骨和骶骨，在只有少量動作產生的骶尾關節處連接。當胎兒從產道下降，壓力深入到尾骨時，尾骨可能因為被向後推而造成充血和感染。以前就因為摔倒或滑倒而使尾骨受傷的女性，在進行陰道生產時風險較高。可能會有嚴重的疼痛與功能損害，使坐下的動作變得極為困難，上廁所也可能很不舒服。

### 做什麼可以改善？

這時根本坐不住，尤其是坐在硬物的表面而需要變換姿勢時，例如側躺哺乳。為了要減少坐時尾骨的壓力，可以坐在中空的坐墊或常用來當成旅行枕頭的充氣式頸圈上。游泳圈在洗澡時拿來坐可能有幫助，但不建議長時間使用。減少尾骨的壓力可以幫助維持良好姿勢以降低不自覺前彎的傾向。多攝取水分，並時常走路可預防便秘。

### 運動與受傷的尾骨

地板運動會讓人極度不舒服，或甚至沒有辦法以正位姿勢仰躺，或許必須先傾斜骨盆再抬高尾骨，以減輕這個部位的壓力。坐姿地板姿勢，例如膕膀肌和內收肌伸展，也許需要調整，而任何和坐骨滾動的坐姿運動，例如坐姿骨盆運動應該從運動計畫中排除，除非狀況改善。腳踏車也不適合。

## 膝痛

懷孕時，髕骨關節的軟化是結締組織改變的結果。骨盆關節的韌帶支撐減少可能改變膝蓋交角（**Q angle**，請見第 **20** 頁說明）；這會影響四頭肌群功能，也可能造成側面和中間大腿不平衡。重量增加與姿勢變化也會增加膝蓋關節的壓力。當膝蓋彎曲（比如坐下、蹲下或站起來）時會在膝蓋前方感到疼痛，下樓梯時會更嚴重。當抱著寶寶需要更多做彎身蹲下或跪下動作的時候，會使情況惡化。

### 運動與膝蓋痛

大多數的運動在某些階段有膝蓋彎曲的動作，很難完全刪除。然而，有些踏步訓練或踩腳踏車等會重複膝蓋彎曲的活動，則應該尋求比較舒服的活動替代。股四頭肌力增加尤其是股中肌，能夠幫助提供膝蓋關節周圍支撐，並使股四頭肌群當中的肌力重新平衡。

## 背痛

這是產後常見抱怨，可能會以不同程度影響高達 **50**%的產婦，其中有些在懷孕時沒有任何症狀。鬆弛素對脊椎穩定的影響拖延到產後，而胸部尺寸增加和不良的哺乳姿勢更加深了胸椎與頸椎的壓力。背部緊繃、臀大肌虛弱和因孕期姿勢所增加的胸椎僵硬，將使情況加劇。

衰弱鬆弛的腹肌可能無法維持正確支撐，而每天照顧嬰兒、不斷彎腰、提重物更降低了腰骨盆穩定。雖然腰部承受了更多壓力，但是在脊椎的所有區域可能都會感覺不舒服。因為帶新生兒所產生的倦怠與疲勞，應該也被視為造成經常感受到疼痛的因素。

### 做什麼可以改善？

修正姿勢是產後背部照護的必要步驟。身體位置應針對站和坐姿仔細改正，特別是在哺乳期間，並採取良好的舉起抱起嬰兒技巧（見 **Chapter 1** 與附錄）。增加腰骨盆穩定的運動是必要的。每天進行胸椎與腰椎的靈活運動，例如上肢轉體，扭腰、提膝，能夠和斜方肌、闊背肌、臀肌、膕膀肌、臀曲肌、和梨狀肌一同幫助伸展以減輕僵硬。只要有時間就多躺著休息，別坐著，會增加脊椎壓力。多採取脊椎被支撐的姿勢，比如仰躺在堅固的表面，或雙腿彎曲靠在椅子或沙發上，好讓背部僵硬的肌肉放鬆。

## 上手臂、手腕和手痛

上手臂、手腕和手部問題是普遍產婦的困擾，約在產後 **6** 個月發生。這可以歸因於眾多因素的結合：鬆弛素消失影響結締組織改變，也就是關節鬆弛降低的結果，使得關節變得穩固，而全天候照顧寶寶也使得關節發炎。底下提到的兩種情況會讓患者連抱自己的寶寶都有困難。

### 腕隧道症候群

腕隧道症候群，是位於手腕通過骨頭狹窄通道的正中神經受到壓迫所引起的。懷孕期間則與雌激素濃度增加造成液體滯留有關；產後則可能因為過度使用出現發炎反應。情況似乎和哺餵母乳的荷爾蒙改變有關，所引起的症狀會在停止哺乳後幾週消失。會在大拇指、食指和中指出現刺痛與麻木感。

### 肌腱炎

肌腱發炎可能是因過度的重複動作而發生。在照顧寶寶時所需的抓、擰和握的動作，會讓大拇指、手腕或手肘疼痛。突然感到巨痛，特別是在大拇指會因重複抓握加劇。

有趣的是，這種情況似乎也跟哺乳的荷爾蒙

變化有關，雖然目前還沒有充足的證據證實這個論點。

### 做什麼可以改善？

手腕的姿勢與位置都是造成以上問題的重要因素。過度與重複的手腕彎曲不論何時都應避免，特別是在哺乳時採取不同的手勢支撐寶寶也會有幫助。抱起寶寶時用大拇指扣住寶寶腋下會增加關節的負擔。手部抬高的手指和手腕靈活運動，可以有助減輕關節僵硬，並伸展有問題的肌肉。

當推寶寶散步時以大幅度彎曲來調整，預防手腕／上手臂過度旋轉和避免緊抓著推車把手。無論何時都應該避免，比如講電話或牽著小孩的手的時候用一隻手推嬰兒推車。可能需要推薦在女性健康中心的專業物理治療師。

### 運動與手腕／上手臂問題

需要彎曲手腕的負重姿勢，例如四點跪姿，可能極度不舒服，而有些案例則是完全不可能。如果手腕彎曲有困難，可以在掌根下放一條捲起的毛巾，減輕手腕不舒服。使用護腕時關節必須要在正確位置；手臂需要用向下的姿勢抬起可能會很痛，而且會讓手指失去知覺。當使用護腕時要特別注意，因為手腕／上手臂對齊容易被忽略。

把護腕套在手部也是不恰當的。這可能會影響握力，尤其是是大拇指痠痛，因此要注意並小心使用所有護具。

## 骨盆底問題

骨盆底是由肌肉、神經與結締組織組合而成，任何這些結構的傷害，都會對於它功能產生影響。

### 導致骨盆底肌功能不全的因素

‧較差的膠原蛋白形態遺傳。

‧單層或多層肌肉過度伸展

‧膀胱頸移動性增加，降低來自於尿道外括約肌的閉合壓力。

‧骨盆底肌啟動是由於陰部神經過度延展。陰部神經損傷會影響肌肉收縮能力，這通常與難產有關，特別是產鉗分娩。

‧產鉗分娩可能增加十倍的骨盆底肌功能不全的機率。

‧第二產程進行超過 **2** 小時。

‧腰骶部與骶髂關節功能不全。

‧胎兒重量超過 **4** 公斤。

‧種族：高加索女性風險高於黑人女性。

‧其他風險因素包含便秘、提重物、運動不當、慢性咳嗽、肥胖、骨盆手術、荷爾蒙狀態與老化。

有些問題透過正確與規律的骨盆底肌運動可以改善；其他的就需要諮詢女性健康專業的物理治療師或全科醫生介入醫療。針對這個問題本書僅提供基本引導。

## 應力性尿失禁

這是最普遍的尿失禁類型，也是本書中唯一討論的情況。產婦出現應力性尿失禁，是骨盆底肌肉結構中，肌肉與（或）神經過度伸展的結果。骨盆底肌提供約三分之一的尿道閉合壓力，而支撐減少加上膀胱頸的移動性增加，可能造成伸展時少量漏尿，例如：咳嗽、打噴嚏、大笑、提重物、跳或跑。

### 做什麼可以改善？

女性常會認為這是生產後必然的結果而接受；或太難為情而不尋求幫助。

千萬不能假設女性了解如何正確啟動骨盆底肌。研究顯示，只有少於**50**%的女性，能夠成功透過口述或文字進行骨盆底肌肉收縮。

在咳嗽或打噴嚏之前反向收縮骨盆底肌，是一種被稱為「**knack**」的用力前自主收縮技巧，可以減輕應力性尿失禁，並重新訓練快肌以預期作用的角色工作。有研究證實，透過骨盆底肌收縮為咳嗽預備，可以在壓力期間提供尿道支撐。

在運動期間保持良好的水分補給也是非常重要的。媽咪們也許會因為害怕意外而刻意在運動前避免攝取水分，一旦造成脫水還會增加尿液濃度並進一步刺激膀胱。

### 運動與應力性尿失禁

要注意，會增加骨盆底肌負擔的活動，完全不適合有骨盆底肌功能不全的女性。這包括高衝擊運動、仰臥起坐與任何形式的提重物，比如抱起小孩、拿推車或汽車座椅。

## 會陰傷口

有 **85**%的女性，在陰道生產後有某種形式的會陰外傷，而有 **60** ～ **70**%需要縫合。短期併發症包含疼痛、感染和出血；長期影響包括有，大小便失禁、脫垂與性交疼痛。有任何上述長期影響出現，都需要求助專業治療。

產後會陰痠痛會持續一段時間或是幾週，許多女性會覺得很難找到舒服的坐姿，而使哺乳更困難。

瘀血、外陰手術或撕裂傷尚未完全復元時會感覺到不舒服，可能是由於傷口縫合不當，導致疤痕不平整或是感染。

### 做什麼可以改善？

骨盆底肌運動在協助復元過程中的效果是最好的，然而，有許多女性因不舒服會恐懼進行這項運動。第一次收縮也許會使疼痛加劇，但隨著腫脹消退，疼痛也會跟著減輕。

受傷的組織若能增加血流便能加速復元，並協助此區域排出廢物幫助手術切口或撕裂邊緣癒合。會陰部冰敷能幫助減少腫脹，也能在腸蠕動時給予此部位支撐。骨盆底在咳嗽、打噴嚏或提重物之前先收縮，以抑制腹內壓升高是很重要的。

### 脫垂

脫垂是膀胱或直腸凸起，穿過陰道壁或是子宮下垂到陰道的現象。這些骨盆器官藉著韌帶固定，而骨盆底肌被夾在結締組織層當中，這些都受到懷孕時膠原結構改變的影響。在勞動和（或）生產期間可能會更加虛弱或受傷。膀胱凸起頂住陰道壁，是最常見的產後脫垂現象，雖然直腸脫垂有時也會發生。子宮脫垂經常與更年期雌激素濃度降低，陰道壁彈性減少有關。

其他脫垂因素則為持續提重物（例如在重量訓練中），骨盆底肌運動不正確（也就是施力向下，而不是收縮往上提），長期便秘或咳嗽。**50**%有生產經驗的女性多會有些微程度的脫垂現象。

#### 脫垂的症狀有哪些？

有種垂墜感或在陰道有東西向下掉、下背痛和沉重的感覺。站著的時候會感覺得到，並且晚間會越不舒服。躺下的時候似乎就消失了。

#### 做什麼可以改善？

骨盆底肌運動可以延遲或甚至避免治療脫垂手術，因為正確啟動強壯的骨盆底肌能夠幫助支撐骨盆器官。保持充足水分，避免會引起膀胱刺激的咖啡因。與應力性尿失禁一樣會增加骨盆底肌負擔的運動完全不適合，因此應該避免提或推重物。且盡早尋求專業建議。

## 軟組織和其他生理問題

### 腹直肌分離

懷孕期間腹部肌肉承受大量的延展，因結締組織彈性增加而更容易伸展。兩條原本平行的腹直肌，從中線向外拉長使增大的子宮能有更多空間。有研究報告指出，在第二妊娠期女性中有 **27**%會有腹直肌分離現象，第三妊娠期則高達 **66**%會出現。肚臍是最脆弱的位置，因為有較高比例的分離狀況是出現在肚臍而不是其上或下。

#### 腹直肌分離的風險因子為何？

· 多胞胎（胎兒數量多於一個以上）。
· 母親年齡大於 **34** 歲。
· 胎兒過大。
· 體重增加太多。
· 剖腹產。
· 多次生產。

照顧嬰兒也是風險：增加虛弱腹壁的壓力，以及當提重物時採用捏鼻閉嘴呼氣法，都可能使分離加寬。居住在大家庭的女性，在懷孕時有人可以分擔工作並照顧小孩，會降低腹直肌分離的風險。懷孕時缺乏固定運動也被視為是原因之一。

#### 復元需要多久？

大部分的媽咪約 **8** 週時，肚臍位置可以復元

至大約 **2** 公分（兩個手指寬），而此時也是許多媽咪復元的高峰期。這個時候媽咪完成產後檢查，分離的情形也減輕，已經準備好恢復運動。但在這之前，還是需要測試腹部分離的狀態。這個時候分離狀態如果大於兩個手指寬，也不見得會是永久問題，只要有正確的運動就能恢復。

### 如果還是超過兩指寬的話，該怎麼辦？

增加腰骨盆穩定的練習是必要的，不能因為無聊就略過。這些運動能溫和地動員腹橫肌，讓內核心肌群穩定。如果做得好，它們能幫助增加白線的強健，並可藉由定期手指檢查的觸診得知改善情況（手指不會像之前陷得那麼深），而白線也能提供一定程度的作用。改善也許緩慢，但堅持不懈便能成功！盡可能以多種姿勢進行骨盆傾斜運動，也是縮短腹直肌長度的重要運動。

**【注意】**高張力的「縮小腹」運動因為會動員到腹外斜肌，使其拉動虛弱的白線並讓問題惡化，我認為這是不適當的運動。

**重要資訊**

避免腹部持續擴張下垂，女性有必要尋求物理治療，或向專科醫生求診。

### 生活形態建議

為了協助深層穩定肌的動員，媽咪們應在日常活動中鼓勵正確的直立姿勢。當從躺臥姿爬起時注意姿勢：坐起來之前先翻滾到一側，並以相反順序躺下。彎曲之前溫和的腹橫肌動員，能確保穩定肌啟動並給與支撐。不論何時都應該避免舉高小孩、提重物、移動家具，以及推很重的推車等。如果不能避免在動作前動員腹橫肌和骨盆底肌，提供白線穩定的話，腹直肌和腹外斜肌為了應付較大負重便會啟動。

### 腹直肌分離的運動叮嚀

以下行為都應該避免：

・仰臥起坐！

・腹斜肌運動。

・高強度的「穩定」運動，常在非平表面（如球體）上進行。「平板式」瑜伽運動也規在這一類當中。

・過度緊縮腹部是誤信單獨的腹橫肌運動會使小腹平坦！

・任何包含強力扭轉或側彎的活動或運動。

・伸展腹肌的動作。

・四點跪姿運動由於增加了脆弱結構的負擔，可能不合適。

・任何會形成身體拱起的運動。

## 痔瘡

懷孕時，直腸肌肉軟組織鬆弛，使廢物排出

腸道變慢，增加水分吸收。常會引起便秘，而經常用力排便會造成肛門周圍血管鼓起。痔瘡可能會在產後因在第二產程中用力推而出現，並感覺極度不舒服，例如排便時肛門周圍搔癢、疼痛或流血。便秘會使以上情況惡化。

### 做什麼可以改善？

在腫脹處冰敷可以減輕疼痛，以及經常做骨盆底運動也有用。下個章節對於便秘的建議在這裡也有幫助。

## 便秘

產後頭幾個星期有便秘情形極為普遍，可能是因為：

‧腸蠕動時害怕骨盆底的疼痛或裂傷。

‧因害怕尿液洩漏而減少水分攝取，或因為哺乳使水分喪失導致脱水。

‧腹肌虛弱無法降低腹內壓。

‧缺乏運動，應定期運動鍛鍊消化系統功能。

‧由於哺乳考量，使得水果和纖維攝取不足。

‧找不到安靜的時候上廁所：有時候寶寶也要跟！

### 做什麼可以改善？

溫和的心肺運動，例如走路就是非常推薦的，因為它增加心率並促進循環。女性應被告知多補充水分和增加纖維攝取。如廁習慣也很重要：蹲姿可使腸子處在排空的正確位置，而坐在馬桶上則降低了這個姿勢的機能優勢。下背部鬆垮則會關閉的肛門括約肌，雙腳抬高放在小凳子上，並將身體向前靠在膝蓋應該有用。不要用力和憋住呼吸，因為會增加骨盆底肌的腹內壓。在腸蠕動期間，用衛生棉支撐會陰，能夠預防會陰脱出。

## 靜脈曲張

靜脈曲張可能在懷孕時發生，通常在腿部。受到黃體素的影響、血管壁鬆弛導致靜脈血管閉合不良回流不到心臟。這使得靜脈腫脹不已，雙腿感到疲累。生產後靜脈曲張嚴重的情形會改善，仍然需要妥善照顧雙腿。

### 做什麼可以改善？

坐下時避免交叉雙腿，或是跪坐在腳跟上，這都會更加壓迫靜脈並使血流減少。不論何時，坐著的時候將雙腳墊高可以減輕不適。

### 運動與靜脈曲張

建議可以做增加小腿血液循環的運動，肌肉壓縮動作能夠協助血液回流至心臟。走路有附加效益因此是最理想的活動，但站姿抬小腿或抬腿坐姿腳踝轉圈也有相當有效。應該避免站著不動。

## 乳腺炎

乳腺炎是因為乳汁製造後未立即排空所引起胸部組織感染。有幾個可能發生的原因：

· 乳腺阻塞。
· 寶寶位置不正確。
· 用手托住乳房哺乳的壓力。
· 過緊的安全帶。
· 穿太緊的胸罩。
· 乳頭裂傷也會引發感染。

**重要資訊**

乳腺發炎會使乳房變得紅腫，有硬塊並且極度疼痛。這個時候女性會感覺發熱而且相當虛弱，需要立刻就醫進行診療。除非狀況立刻治療，否則乳房會感染化膿而那個時候就需要手術處理了。

### 乳腺炎後的運動

俯臥姿勢會增加乳房的壓力因此不適合。前向側躺，手肘撐住上半身，使胸部離開地面的姿勢，因為會過度伸展脊椎也是不恰當的。四點跪姿會因為沉重的乳房增加額外的拉力與不舒服。由於胸部組織伸展到腋下，有許多手臂運動也會造成不舒服。有良好支撐的胸罩是必須的，但不應該過度壓迫乳房。

## 情緒問題

生產後女性會面臨不同的情緒問題，有些是初為人母的普遍現象而其他的則較為嚴重。

· 有 **70** ～ **80**％的女性有輕微、短暫的嬰兒憂鬱。通常在生產後幾天出現，並僅維持幾天的時間。女性會情緒化、生氣、會為了極細微的小事哭泣而且沒辦法開心。

· 有至少 **10**％的新手媽媽受到輕微、中等或嚴重產後憂鬱症影響。可能在產後一年中的任何時間出現，但似乎普遍在寶寶 **4** ～ **6** 個月大的時候發生。可能會在一段時間中逐漸顯現，或是突然出現。產後憂鬱有許多症狀，開始的時候與嬰兒憂鬱相似，但發展成更嚴重的焦慮與壓力。有些女性會出現恐慌並感覺無法休息和煩躁；她們可能會變得對自己還有寶寶的健康很焦慮而有些表現出對寶寶漠不關心。當她們認為應該能夠應付卻無能為力時，有些女性會感到有罪惡感。。

· 產後精神病是更嚴重的情況，需要立即心理輔導與住院。

### 產後憂鬱

#### 造成原因為何？

寶寶的誕生是個非常情緒化的時刻，會帶來強烈的喜悅和過度憂慮。產後憂鬱的成因眾多且複雜可能包含生理的情感的以及生活形態問題。以前有過產後憂鬱史的女性，有 **50** ～ **60**％有後續問題的風險。生理因素與產後荷爾蒙濃度劇烈變化、以及全天候照顧寶寶、和體力銳減有關。其他可能的因素則為主要扮演的角色改變：失去獨立、自由和收入，伴隨有孤立感並缺乏與成人對談。

與寶寶相關的健康問題、哺乳、身材走樣等顧慮，都會在女性已經覺得精疲力盡，並容易受傷的時候影響情緒變化。

**運動與產後憂鬱**

媽咪們可利用運動減輕產後憂鬱的症狀。有許多研究認為，運動是對抗輕微到中等憂鬱症的有效治療。「推嬰兒車走路能降低產後憂鬱症狀」的研究肯定，走路不只能改善體能，也對沮喪有效。運動可以從日常的問題與壓力中跳脫，並透過習得新技能而增加自信。

心肺運動能幫助身體自然穩定，以及腦內啡的分泌。運動與其他荷爾蒙一樣都被認為對於改善情緒特別有益。心肺運動增加血液循環，也幫助分散當身體緊張時所分泌的腎上腺素。

產後憂鬱是種病症，得尋求專業的協助。支持隨手可得，可別自己在家煩惱喔！

## 本章重點掃描

・**1/5** 的孕婦會出現骨盆帶疼痛的問題。

・鬆弛素濃度增加不完全是造成骨盆帶疼痛的原因。

・疼痛與骨盆關節運動範圍增加之間沒有顯著關連。

・骨盆帶疼痛可能與不正確的肌肉動員模式有關。

・尾骨受傷或瘀血時，要限制某些地板姿勢為宜。

・膝蓋交角改變以及重複彎腰可能引發膝蓋問題。

・正確的姿勢能夠減少背痛。

・改善腰骨盆穩定的運動能減輕背痛。

・上手臂、手腕和手部疼痛，與過度重複的運動有關。

・手指刺痛與麻木會限制能夠進行的負重運動量，握力也會受影響。

・腹直肌分離過寬可能在產後持續一段時間。腹部阻力運動應避免。

・骨盆底肌肉、神經與結締組織受損會影響骨盆底功能。

・用力前反向收縮骨盆底肌可預防應力性尿失禁。

・會陰痠痛會使坐姿不舒服。

・高衝擊運動、仰臥起坐與任何形式的提重物，都不適合有功能不全的骨盆底肌狀態。

・溫和的心血管運動與增加水分攝取，可以幫助改善便秘與痔瘡。

・乳腺炎後疼痛的乳房會降低上半身運動範圍，並限制採取某些姿勢。

・運動對於緩解產後憂鬱有效。

# Chapter 7 運動前的準備

## 初步考慮

### 正式的運動，什麼時候可以開始？

在恢復運動前，媽咪們一定要去產後檢查，並且獲得醫生許可。

子宮收縮回到骨盆內，大概需要 **8** ～ **10** 週，這時也已停止出血和排出惡露，傷口差不多都癒合了。生產後或許需要一些時間才能準備好正常運動，不僅是考慮到體力，也是考慮到媽媽們育嬰較為上手。

### 產後檢查

產後檢查的項目差異性極大；通常檢查項目很少，主要是與專科醫生的討論。

媽咪們也可自我檢查，包括骨盆底肌的功能檢查，而腹直肌分離的「手指檢查」測試也別忘了！

## 運動前的準備

### 服裝

衣服應該是多層、舒服而且適合所選擇的活動。有些女性會覺得寬鬆的服裝比較舒服，特別是非常在意身材的女性；不過，我仍建議媽咪們穿上可以觀察姿勢的衣服，尤其是骨盆與脊椎的對齊與否。

胸部一定要有減少晃動設計的胸罩：這樣可以避免韌帶過度伸展，並保持舒適。哺乳內衣不能提供足夠的支撐，雖然當寶寶一起來的時候會很方便，還是建議上面多穿一件運動型胸罩。泳衣也需要額外的胸部支撐：假如活動是在淺水中進行，建議還是穿著胸罩比較好。

### 鞋子

準備一雙合適的鞋子對陸上心肺運動、阻力運動非常有幫助。媽咪們可以找到針對不同活動所特別設計的鞋子，重要的是選擇適合所參加的活動，並提供有效支撐與避震效果的。要重新量測並選擇新的訓練鞋，因為足弓縮小會稍微增加腳的大小。

### 哺乳

我建議媽咪們在運動前哺乳或擠乳，以減少胸部的重量與溢奶的可能性。在運動前、中、後也別忘記攝取大量的水分，以避免脫水。

### 飲食攝取

我認為不應該空腹運動。開始運動前 **2** ～ **3** 小時進時可以有效消化，但根據消耗的熱量，媽咪們至少在運動前 **30** 分鐘吃微量碳水化合物來增加能量。

避免如茶或咖啡等含咖啡因飲料。運動後的能量補充也很重要，特別是要哺乳的媽媽。運動結束後的 **15** 分鐘內進食，可以增加身體吸收碳水化合物的能力；也可以為肌肉補充能量預備接下來的 **24** 小時嬰兒照護挑戰。水分的攝取也需要增加喔！

### 找出時間運動

我相信這對媽咪來說通常是最困難的任務！在早上寶寶睡醒前的 **2** 小時「空檔」是最理想的運動時間。運動不一定要花很多時間：迷你運動計畫可以每天擠出幾分鐘，並延伸切割成有多餘時間也適合的運動計畫。

### 寶寶也要……

用推車散步是和寶寶一起運動最便利的方式，對某些人來說則是安頓寶寶的唯一方法。當寶寶醒著的時候，沒有什麼基本運動是不能做的；一個寶寶在媽咪身旁進行的迷你熱身運動，對雙方來說可以是溫暖而豐富的體驗。藉著注視寶寶、撫摸和說話可以幫助他們安靜更長一段時間。

## 倦怠與精疲力盡

當女性覺得疲倦時，運動大概是她們最不想做的事。然而，適當強度的運動還是有療癒的作用。不論是推著嬰兒車在步道上走，或是 **10** 分鐘基本的地板運動，運動能提供每一個媽媽短暫脫離日常，以及重新專注自己。

### 過度

運動要有效率，因此運動應該要舒服並且能夠達成。藉著傾聽身體，媽咪們應該可以分辨什麼是有效率的運動，以及什麼狀況是過度運動了。

·有效運動應該會感覺到舒服的肌肉堅硬。倘若肌肉正在運動，可能會感覺到輕微的不舒服與疲倦，但不會有後遺症。

·運動過度會造成肌肉疼痛，並立刻在隔天就極度疲勞。媽咪們要根據程度調整運動，不要跟身體的警訊抗爭。

#### 哪些是警訊？

無法呼吸、昏眩，並感覺噁心是身體壓力過大的警訊。呼吸急促、不舒服的灼熱感或在做阻力運動時肌肉顫抖，都表示負荷過大需要停止。這些症狀在運動中就會發現，有些會在運動結束或甚至是隔天才發生。隔天，若你的肋骨疼痛或感覺昏昏沉沉想睡，便是身體過度運動的強力指標。

## 運動何時停止？

任何的痠痛都是不應該忽視的警告。這時應立刻停止或適度調整，直到重新感覺舒適。絕對不要運動到痛才停止。

### 本章重點掃描

·產後的頭幾週可以開始居家運動。

·開始正式運動前必須獲得醫生同意。

·剖腹產須等 **8** ～ **10** 週後才能運動。

·媽咪們應充分篩選適合參加的運動。

·健身俱樂部不會管產婦多快能開始運動，所以，媽咪們在這個環境下更應警覺。

·衣服應該是多層、舒服但不會妨礙動作檢視。

·一件甚至是兩件可以保護乳房、具有良好支撐力的胸罩。

·運動前應先排空乳汁或是先哺乳。

·在需要的時候穿著合適正確的鞋子。

·讓身體保持足夠的水分，特別是需要哺乳的媽咪。

·不要空腹運動：在運動前 **2** ～ **3** 小時進食。

·盡可能將運動與日常活動結合。

·別把寶寶當做運動時的阻力道具。

·某些情況下，要是想睡就先睡吧，別管運動了！

·運動的強度必須注意是你能感到舒服並可達成的。

·女性應該學著辨別何時該停止。

·如果感覺疼痛必須立刻停止運動並調整。

# Chapter 8 這樣做，瘦身不傷身

媽咪們生產後的第 **1** 天，就可以立刻進行正確動員深層穩定肌的運動，像是正確的脊椎姿勢、呼吸技巧，和腹橫肌與骨盆底肌定位等等。一開始就把時間花在這些運動上，是很值得的喔！

本章開頭的放鬆運動也能包含在內，也會幫助放鬆身體、減少僵硬。大約從第 **8** 天起，即可視感覺而定來操作，有些第一階段的腰椎骨盆穩定運動就可以採用。當媽咪們看過醫生、完成產後檢查，得到可以開始運動的指令時，不論曾經做過哪些運動，也都應該時常回顧前面章節提到的基本運動。

開始運動前永遠要盡可能地保持這些基本動作要正確，因為很有可能有些媽媽會進行激烈的仰臥起坐運動！為了加快小腹平坦的速度，一般人會過度關注這個部位；但其實，任何正確的運動都能達到這樣的效果！

總是保持良好姿勢與對齊就對了！

圖 8-1　正確的站姿

## 站姿

- 雙腳張開與臀同寬站立。
- 雙腳重量平均。
- 重心平均地分散到大姆指、小指和腳跟。
- 膝蓋放鬆在腳踝上方對齊。
- 找到骨盆正確位置。
- 肩胛骨向下滑動，放鬆手肘。
- 尾骨往地板伸展，臀部維持放鬆。
- 脊椎向上延展。
- 頸部拉直，下顎與地面平行。
- 雙眼直視前方。

**【注意】**產婦通常會採取較寬的站姿，因為她們覺得懷孕時臀部變寬。假如覺得正確的站姿舒服，就應該改正。

**重要資訊**

溫和地縮腹以動員腹橫肌，以及在整個過程中鼓勵正常呼吸，是每個運動開始就應該提醒的。不一定要不斷提醒自己去啟動腹橫肌，因為一旦它們被動員了，便會在運動過程中持續作用。

圖 8-2　肩膀轉圈

# 放鬆運動

## 肩膀轉圈

使肩關節靈活。

### 預備

以正確直立站直手臂放鬆置於身體兩側。

### 動作

輕輕地將腹部往內縮，肩膀緩慢地用誇張的大動作轉向前、向上、向後，脊椎保持正中。慢慢地重複數次。

### 要訣

- 強調向後與向下動作。
- 保持雙臀面向前方。
- 維持直立站姿。
- 膝蓋保持放鬆。
- 保持緩慢且控制的動作。

圖 8-3 側彎

### 側彎

使脊椎靈活。

#### 預備

採取正確直立站姿，雙手放鬆置於兩側。雙腳張開太寬會使臀部斜向一邊，而且減少脊椎側彎的角度。

#### 動作

腹部輕輕地向內縮，慢慢地自腰部向前彎曲。身體抬高並且站直。一邊做完換另一邊，並視需要增加動作次數。

#### 要訣

- 直接向側邊彎，不要前傾或向後傾。
- 過程中保持重心置中，避免臀部向外推。
- 舒服地伸展。
- 側彎的另一邊提高以避免動作崩垮。
- 在直立平面拉長脊椎。
- 動作保持緩慢而控制。

圖 8-4　上肢扭轉

## 上肢扭轉

使在懷孕期間變得僵硬的胸椎靈活。

### 預備

採直立站姿。手肘彎曲手臂抬高至胸前。

### 動作

腹部輕輕內縮，保持膝蓋臀部面向前，緩慢地將上半身轉向一邊。轉到另一邊之前回到中心位置，並視需要增加動作次數。

### 要訣

· 膝蓋和臀部應保持方正、向前。
· 肩胛骨放鬆。
· 上半身轉動時拉長脊椎。
· 每次轉動前停下來檢查直立站姿。
· 保持動作緩慢且控制。

**【注意】**膝蓋和臀部轉動要特別小心，並盡可能避免傷害膝蓋和下背部，以免適得其反！

圖 8-5 轉臀

**轉臀**

放鬆下背部。

**預備**

採取正確直立站姿，雙腳略比臀寬，手在下肋骨位置。

**動作**

腹部輕輕往內縮，膝蓋放鬆、脊椎拉長，用誇張的圓形移動臀部。變換方向前，視需要增加動作次數。

**要訣**

· 所有動作都在手部以下位置，避免移動上半身。

· 胸部抬高脊椎拉長。

· 過程中重心保持在雙腳之間。

· 維持控制的動作與循環。

· 鼓勵完全與自由的動作。

圖 8-6　腳跟腳趾運動

**腳跟腳趾運動**

放鬆腳踝。

**預備**

以正確直立站姿雙手放在腰上。

**動作**

腹部輕輕向內縮，重心轉移到雙腿。支撐的膝蓋放鬆，改變腳的彎曲方式與彎曲點（腳跟／腳趾）。換腳前，視需要增加動作次數。

**要訣**

- 要確定動作來自腳踝而不是膝蓋。
- 從支撐的臀部向上拉高避免側向推出。
- 保持支撐的膝蓋柔軟並正確對齊。
- 脊椎保持拉長胸部開闊。
- 維持動作緩慢。

圖 8-7　墊腳尖運動

## 墊腳尖運動

活動僵硬的腳踝與雙腳並促進循環。

**預備**

採取正確直立站姿，雙腳併攏手插腰。右腳跟抬高離地，腳趾關節維持向下壓。維持臀部高度與膝蓋柔軟。

**動作**

當換腳重心轉移時，腹部輕輕往內縮，腳弓盡可能抬高。過程中維持直立姿勢。用支撐的臀部抬高，避免搖晃並保持脊椎拉長。

**要訣**

・雙腳對齊上方膝蓋。

・確保所有的腳趾均受力，注意大小腳趾是否離地。

・固定腳趾關節，強調用腳弓抬高。

・避免側向搖晃臀部，所有的動作重心都要在雙腳。

・保持抬高姿勢。

・維持動作緩慢且控制。

圖 8-8 暖身蹲

## 暖身蹲

放鬆膝蓋和臀部。

### 預備

採取正確直立站姿，雙手放在腰上。

### 動作

吸氣縮腹、膝蓋彎曲，以臀部為中心臀部略為下壓。恢復直立站姿後，視需要增加動作次數。

### 要訣

- 保持膝蓋拉長、臀部放鬆。
- 確保膝蓋和雙腳對齊。
- 縮臀並回復到直立站姿。
- 恢復時完全伸展膝蓋和臀部。
- 重複彎曲前記得放鬆臀部。
- 不要蹲得太低。

圖 8-9 青蛙蹲

**青蛙蹲**

放鬆膝蓋和臀部。

**預備**

採取直立站姿，雙腳張開比臀寬，舒服地向外轉。雙手放在腰上。這個動作展開的幅度比暖身蹲還大。

**動作**

慢慢收縮腹部膝蓋彎曲，保持腳跟往下膝蓋對齊腳趾。脊椎提高頭部向上。緩慢地拉直膝蓋，注意不要固定，並視需要增加動作次數。

**要訣**

· 維持直立姿勢，避免向後移動臀部。

· 確定膝蓋向外移並與腳趾成一線。

· 想像尾骨朝著地板移動。

· 保持稍微彎曲，不要少於 **90** 度。

· 膝蓋拉長時改變焦點：⑴股四頭肌往上拉；⑵內收肌向上拉。

**【注意】**如果這個動作拉到內收肌，要降低腹部曲度。

圖 8-10　膝蓋抬腿

## 膝蓋抬腿

活動膝蓋和臀部。

### 預備

以直立站姿雙手插腰。

### 動作

腹部輕輕牽引，使一腳膝蓋向前抬起到舒適的高度，並保持背部抬起。避免在動作轉換的時候，體重突然落在支撐的臀部。一邊做完換另一邊。

### 要訣

· 身體拉長，並從臀部向外抬高。

· 腳放在臀部正下方，避免骨盆左右移動。

· 保持挺胸，避免往膝蓋垂落。

· 用手觸摸相反側的膝蓋，可以增加上肢旋轉角度。

圖 8-11　擴胸運動

**擴胸運動**

開闊胸部並放鬆上半身。

**預備**

採取直立站姿，手臂在肩膀高度往兩邊張開。

**動作**

腹部輕輕地往內縮，骨盆傾斜尾骨捲起，上半身向前拱起。讓手臂隨著背部往前捲。回到直立站姿，拉長脊椎手臂往兩旁張開，並視需要增加動作次數。

**要訣**

・身體彎曲時頭部向前放鬆。

・身體向前捲時，肩胛骨向下拉並維持頸部拉長。

・手臂打開時，從臀部提高並拉長。

・手臂張開到兩側時感覺胸部擴張。

・伸展時避免胸部向前推。

・動作保持緩慢且持續。

圖 8-12　手臂畫圓

### 手臂畫圓

活動肩膀並開闊胸部。

**預備**

正確直立姿勢，雙手放鬆置於兩側。

**動作**

輕輕縮腹，一隻手臂緩慢地畫圓圈，臀部和肩膀保持面向前。圓圈越大越好，並視需要增加動作次數。

**要訣**

‧過程中保持手臂靠近身體。

‧以小的運動範圍開始，並在每次重複時逐漸增加。

‧著重在完整的圓形運動，要特別注意向後運動時。

‧手臂往後移動時，要避免背部拱起。

‧手向後打圈時保持臀部和肩膀朝前。

‧控制動作並保持緩慢。

圖 8-13　轉頸運動

**轉頸運動**

目的：釋放頸部壓力。

**預備**

採取直立正確站姿，將手臂放鬆放在身體的兩旁。

**動作**

⑴輕輕地縮小腹，肩膀放鬆，慢慢地將頭轉向另一邊肩膀，靜止然後回到中央，保持頸部拉長。

⑵腹部輕輕向內縮、頭部側彎，耳朵靠近肩膀。一邊做完換另一邊。

**要訣**

· 肩膀放鬆挺胸。
· 頭部轉動時避免身體斜向一邊。
· 每次復位都拉長脊椎。
· 保持動作緩慢且有控制。

圖 8-14　向上伸展

## 向上伸展

增加脊椎長度。

### 預備

正確直立姿勢，雙手放鬆置於兩側。

### 動作

輕輕縮腹，一隻手臂往上伸朝天花板拉長。身體重心稍微向前，以免背部拱起。在頂點時短暫停止，然後下降保持身體抬高、挺立。一邊做完換另一邊。

### 要訣

· 手臂稍微向前避免背部拱起。
· 手臂舉高時感覺沿著身體側邊伸展。
· 肩膀向下放鬆。
· 手臂下降時保持脊椎拉長。

圖 8-15 靠牆前彎

## 靠牆前彎

活動脊椎並增加運動範圍。

### 預備

採取直立站姿背靠牆，腳跟離牆大約 **30** 公分。骨盆、胸腔與後腦都貼著牆面。

### 動作

輕輕縮腹，頭向前滾動，當上背部剝離牆面時拉長。繼續向下捲動，試著感覺脊椎骨一塊塊剝離。身體向前彎到最底部時放鬆，臀部仍然靠在牆上。向上捲時骨盆傾斜（恥骨往上）讓下背部推向牆面，花時間將脊椎骨一塊一塊地反捲。視自身狀況，可以緩慢地重複幾次。

### 要訣

· 膝蓋保持彎曲避免拉動大腿後側。
· 滾動盡可能感覺舒適。
· 反捲時肩胛骨向下滑。
· 每塊脊椎骨分開時感覺脊椎拉長。
· 每一次運動都回到直立姿勢。
· 過程中緩慢移動。

# 動態伸展

## 靜態與動態暖身運動

不建議用靜態伸展作為暖身運動。動態地拉長肌肉比用靜態姿勢維持幾秒還要有效。不僅是以較功能性的方式預備活動，也持續暖和且放鬆在生產後可能感覺相當僵硬的緊繃關節。不要把動態伸展跟利用動能、使關節進行超出正常運動範圍的彈震式伸展混淆了；動態伸展是具體維持關節於一般運動範圍的運動。

### 如何進行動態伸展？

動態伸展的範例為，捲動膕膀肌能拉長股四頭肌；抬起膝蓋可以拉長臀肌（也可能是膕膀肌）；骨盆傾斜可以拉長臀轉肌；而轉動軀幹則能拉長胸肌。

# 肌力與耐力運動

**重要資訊**

呼吸應注意吐氣動員腹橫肌，確保區域穩定肌以團體形式工作。如前所述的吸氣和吐氣都應該在第一次重複時記得提醒自己，並注意在過程之中維持正常呼吸。

## 站立運動

### 前弓步

強化臀肌與股四頭肌，並訓練跪在地上的良好技巧。

#### 預備

採取正確直立姿勢，旁邊擺放支撐物，需要時一隻手扶在上面，另一手放在腰上。

圖 8-16　前弓步

**動作**

吸氣預備，當吐氣時動員腹橫肌雙膝彎曲，後面的膝蓋朝地面下降。重心保持正中，確保膝蓋／腳踝對齊。恢復站姿，脊椎挺直、拉長、肩膀放鬆。換腳前視需要增加動作次數，並注意維持自然呼吸。

**要訣**

- 過程中保持姿勢對齊。
- 保持前膝在腳踝上方，後膝在臀部下方。
- 恢復站姿時避免膝蓋固定。
- 彎曲膝蓋時，朝地板反方向拉長脊椎。
- 肩胛骨向下滑胸腔下移。
- 雙眼向前直視，不要向下看。
- 控制且緩慢地進行。
- 起初維持小運動範圍，當肌力增加時加深彎曲幅度。

**【注意】**如果骨盆或膝蓋感覺疼痛、不舒服要停下來檢查對齊。這是增強的運動應該從少量循環開始。骨盆部位疼痛才剛復元的女性會覺得這個運動不舒服。

**進階動作**

一旦肌力增加了，這個運動可以加入啞鈴。

圖 8-17　屈膝弓步

**屈膝弓步**

強化臀肌與股四頭肌，並訓練下彎與上提的技巧。

**預備**

採取正確直立站姿，雙腳前後張開與臀同寬。這應該是從地上拾起物品時的自然站姿。

**動作**

吸氣預備，吐氣時動員腹橫肌；後腳跟抬離地面雙膝彎曲，以臀部為樞紐向前彎。臀部朝後腳腳跟下降，手臂往前方地板伸長－像是要從地上撿起什麼東西一樣。縮緊臀大肌，用臀部力量往上站成直立姿勢，雙手朝身體縮回。換邊前視需要增加動作次數，並注意維持自然呼吸。

**要訣**

· 確定膝蓋和臀部同時彎曲。
· 從臀部前彎時維持脊椎正中。
· 身體重心略微前傾。
· 前彎時不要抬高肩膀。
· 使用臀肌向上拉，膝蓋與臀部一起伸展。
· 每次都回到直立姿勢。
· 抬高階段記得把手往身體縮回。
· 身體抬高時肩胛骨下滑，胸腔降低。

**【注意】**附錄有彎腰和抱起寶寶的練習。由於練習階段不應該直接以嬰兒來做，所以在這個運動中的抬高階段，把手縮回的練習更顯得重要，這樣有寶寶的時候，就能有正確的自動反應。

圖 8-18 深蹲

**深蹲**

強化臀肌、股四頭肌和膕膀肌並改善姿勢。

**預備**

如果需要保持穩定的基礎，和良好的關節對齊，要採取較寬的站姿。

**動作**

吸氣預備，吐氣時動員腹橫肌；以臀部為中心彎曲膝蓋，臀部朝地板下降（不要小於 **90** 度）。縮緊臀肌，用臀部將身體向上推直。視需要可以增加動作次數，並注意維持自然呼吸。

**要訣**

- 膝蓋和雙腳對齊。
- 膝蓋不要超過腳趾。
- 臀部向後推時，身體從髖部向前彎，以保持雙腳平衡。
- 維持肋骨置臀部的連結。
- 膝蓋和臀部一起伸展。
- 小腿緔緊可能會減少運動範圍。
- 肩胛骨向下拉、胸腔下降。

**【注意】**如果膝蓋感覺不舒服就要減少運動範圍。

圖 8-19　深蹲平衡

**深蹲平衡**

強化臀肌、股四頭肌和膕旁肌，並改善穩定平衡與本體感覺。

**預備**

與深蹲練習相同。

**動作**

吸氣預備，吐氣時動員腹橫肌，用之前的方式蹲下，但站起來的時候抬高一邊膝蓋，用支撐的一邊拉高避免臀部下墜。在下一次蹲低時慢慢把腳放到地板。兩腳到一腳的切換練習可以視需要增加次數，並注意維持自然呼吸。

**要訣**

・站起來的時候，把重量轉移到單邊腿上。
・透過支撐的一邊抬高，保持臀部水平。
・在動作頂點暫停一會兒。

**【注意】**骨盆帶疼痛剛復元的女性，可能會覺得這個練習不舒服。

**進階動作**

單腳深蹲與上面的步驟相同，但站在支撐物旁邊，單膝抬高單腿蹲，再進階到不靠支撐物站立。

圖 8-20 墊腳尖

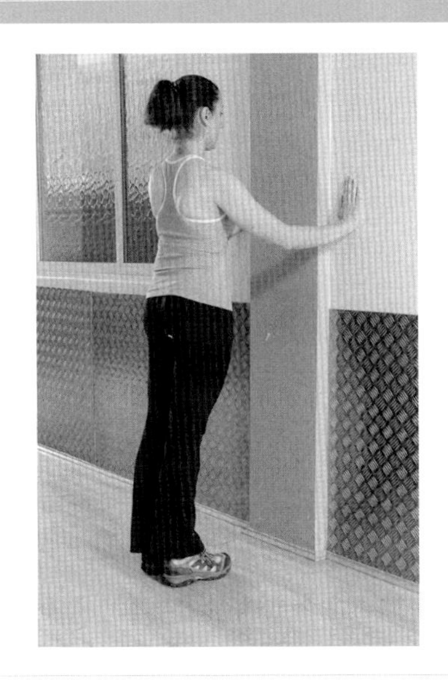

### 墊腳尖

強化腓腸肌並改善循環。這個運動也能幫助骨盆底肌動員。

#### 預備

採取正確直立站姿面向牆壁。和支撐的牆面相距一步，手放在肩膀高度位置，雙眼直視前方。重心擺在雙腳正上方膝蓋放鬆。

#### 動作

吸氣預備，然後吐氣動員腹橫肌，緩慢地用腳尖向上蹬，雙腳面向前，重心平均分散在雙腳。腳弓抬高拉長脊椎。腳跟慢慢地下降輕觸地，重心稍微向前。可以視需要來增加練習次數。

#### 要訣

- 腳踝抬高避免腳向內或向外滾動。
- 重量平均分散在腳趾關節的底部。
- 盡可能抬高腳弓。
- 下降時避免向後腳跟滾動。
- 維持正確脊椎正位，避免身體斜向一邊。
- 肩胛骨放鬆。
- 緩慢且控制地進行。

**【注意】**與骨盆底肌運動結合，對動員肌肉有困難的女性很有幫助。腳跟抬高時鼓勵骨盆底肌肉運動，並在腳跟緩慢下降前，維持這兩個收縮幾秒鐘。快速動作可以用來啟動骨盆底肌肉的快縮肌，下降階段仍要保持控制感。

圖 8-21　站姿提臀

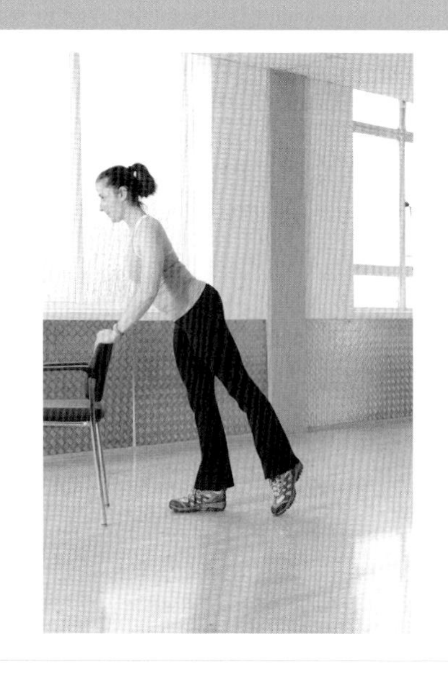

## 站姿提臀

強化臀大肌幫助骨盆穩定，改善姿勢、輔助下彎與上提動作。

### 預備

距離牆或有靠背的椅子兩步，面對支撐物。以臀部為樞紐靠在支撐物上，雙手放在椅子或牆上（手放在肩膀高度位置，手指朝上）。用支撐的臀部抬高，並將重量轉移到單邊腿上；另一邊的腿伸展究置於後面地上，並從臀部拉長。

### 動作

吸氣預備，然後吐氣動員腹橫肌，縮臀並緩慢地向後抬高大腿，保持臀部水平上半身不動。視需要增加練習次數，並保持自然呼吸。

### 要訣

· 腿抬高前先啟動臀肌可以協助動員。

· 上半身以臀部為軸心向前傾斜，並使臀部在雙腳正上方。

·支撐的那一側抬高，以免疲勞使臀部歪斜。

· 支撐的膝蓋放鬆。

· 肩胛骨向下滑，胸腔下降。

· 腿部抬高到能夠維持正確對齊的高度。

· 緩慢且控制地進行。

**【注意】**緩慢控制的進行很重要，可以避免壓迫下背部。腿不要抬得太高，因為這樣會使

圖 8-22 推牆運動

背部拱起。剛從骨盆部位疼痛復元的女性會覺得這個運動不舒服。

**替代動作**

這個運動也可以在地板上進行。

## 推牆運動

強化胸肌與三頭肌，協助抬起和搬運動作。

**預備**

以正確直立站姿面對牆。距離牆面兩步，從腳部向前傾斜，雙手位於肩膀高度但分開略比肩寬放在牆上。

**動作**

吸氣預備，當吐氣時動員腹橫肌，手肘彎曲，身體朝著牆面下降，保持脊椎正中。如果必要可以抬高腳跟。確保手肘彎曲對齊手腕。慢慢地伸直手臂回到開始姿勢。視需要增加練習次數，並注意維持自然呼吸。

**要訣**

．保持頭部正確對齊。

．肩胛骨下滑並拉長脊椎。

．確保手肘彎曲對齊手腕－假如沒有雙手再張開些。

．伸展時避免手肘鎖定。

．保持動作緩慢、順暢和控制。

圖 8-23　坐姿腿伸展

**替代動作**

這個運動也可以在地板上進行。

## 坐姿運動

### 坐姿腿伸展

強化股內側肌（內側四頭肌），增加膝蓋穩定和重新平衡股四頭肌群的肌力。

**預備**

採取正確直立坐姿面向凳子前方，雙手放在腰上。

**動作**

吸氣預備，吐氣時動員腹橫肌，慢慢地拉朝一邊膝蓋，上面大腿放在椅子上。注意完全伸直時不要固定住膝蓋。從臀部向上抬高脊椎拉長。可以視需要增加練習次數，並注意維持自然呼吸。

**要訣**

· 過程中保持直立姿勢。
· 膝蓋伸直時製造一個強壯有阻力的感覺。
· 避免腿部伸直的時候向後傾斜。
· 肩胛骨向下滑胸腔下降。
· 緩慢且控制地進行運動。

圖 8-24　橋式腳跟抬高

### 地板運動

> **重要資訊**
>
> 彎曲膝蓋前動員腹橫肌，用腿部的大肌肉把膝蓋向下拉到地上。將另一邊膝蓋往下拉並移動到手部和膝蓋處。身體側向一邊往下，然後轉向坐姿保持膝蓋和腳對齊。

### 橋式腳跟抬高

強化臀大肌、臀中肌和臀小肌，改善姿勢骨盆穩定。

**預備**

進行與圖 **3-20** 相同的脊椎捲動前半部分。

**動作**

保持在抬高位置，重量轉移到一邊。縮緊臀肌並抬高反側腳跟，保持臀部水平。腳跟降低而不使臀部垂落，一邊做完換另一邊。臀部下降到地面時，維持正位。

**要訣**

· 抬高前先縮臀以便啟動臀大肌。

· 錯誤使用臀肌會引起膕膀肌抽筋；如果抽筋了，小心地往下降低臀部。

· 保持臀部抬高，但避免過度用力。

· 不要移動臀部。

· 胸腔向下拉。

· 脊椎拉長。

**進階動作**

膝蓋抬高過臀，保持骨盆水平並靜止幾秒鐘，維持良好對齊。

**【注意】**剛從骨盆部位疼痛復元的女性會覺得這個運動不舒服。

圖 8-25　跪姿推拉

**替代動作**

保持在抬高的橋式姿勢，雙腳放在地上進行剪刀手或手臂畫圓動作。增加靜止的時間並聚集臀部肌力。

## 跪姿推拉

強化胸肌與三頭肌，協助提、搬等動作。

**預備**

以正確姿勢跪在地上，雙手打開比肩寬、手指指向前方。肩膀放鬆手肘柔軟。身體重量向前移到手上，保持頭部在正確位置。

**動作**

吸氣預備，吐氣時動員腹橫肌並彎曲手肘，上半身緩慢地往地面下降，手肘對齊手腕上方。當你慢慢地往上推回開始姿勢時重心向前，注意不要鎖死手肘。可以視需要增加練習次數，並注意維持自然呼吸。

**要訣**

· 頭部對齊脊椎，不要讓前額垂落。

· 鼻子好像要碰到雙手之間的地板。

· 彎曲時，手肘在手腕上方，必要時停下來把手張得更開。

· 確定手肘完全伸展不要固定。

· 過程中脊椎保持正確位置。

**進階動作**

**1.** 當你能以這個姿勢輕鬆完成 **20** 次上推，雙手保持在原位，將身體重心更往前推，以頭部位置在雙手前方的姿勢重複動作。

**2.** 手和身體重心更往前推。

圖 8-26 穿針引線

**替代動作**

**1.** 如果膝蓋或手腕在這個姿勢下不舒服，或者手指感到刺痛／麻木，嘗試用站姿靠牆練習。

**2.** 在掌根下放一小條捲起的毛巾，就足以改善手腕和手指產生的症狀。

**3.** 如果在兩個運動中手腕對齊有困難，改採第 **41** 頁的姿勢，並且手握小啞鈴增加阻力。

## 穿針引線

活動胸椎並減輕僵硬。

**預備**

以四點跪姿的正確姿勢跪在地上。

**動作**

吸氣預備，吐氣時動員腹橫肌，並將重心轉移到你的左手臂而不使肩膀垂落。右手臂穿過身體下方往左邊伸出，從背部中央往上轉動。回到開始位置換邊做，並保持自然呼吸。

**要訣**

· 脊椎拉長。

· 支撐的手肘放鬆，肩膀外側抬高。

· 肩胛骨朝背部向下拉。

· 重量平均分散在雙膝。

· 避免骨盆旋轉。

· 保持頭部對齊脊椎，並從背部中央旋轉。

· 手臂向外伸得越長越好。

· 暫停並試著伸長一些。

**進階動作**

做完一邊先不要換手，而將右手退出指向天花板；頭與脊椎同時慢慢扭轉，並望向手指尖。

圖 8-27 胸部伸展

這個動作以反方向扭轉身體以展開胸部。保持支撐的手肘柔軟，肩胛骨放鬆。不要移動骨盆，所有的扭轉都是維持在胸椎。這個運動對於支撐的手臂考驗相當嚴苛。

### 胸部伸展

強化下斜方肌改善後凸姿勢，並靈活脊椎。

#### 預備

俯臥（以胸部舒服為原則），雙手放在身體兩旁的地上與肩膀平行，手肘彎曲 **90** 度，上手臂放在地上。頭部放鬆，向前靠在地上或軟墊上。雙腿以正中姿勢併攏，從臀部拉長。

#### 動作

吸氣預備，吐氣時動員腹橫肌，利用上手臂支撐將胸腔抬高離地。抬高並向下滑動肩胛骨時，向前拉長脊椎。靜止，下降前繼續呼吸，從臀部向外拉長身體。可以視需要增加練習次數，並注意維持自然呼吸。

#### 要訣

‧從下胸腔抬高。

‧頭部保持正中對齊－不要向後仰，或將下巴向前推。

‧伸展脊椎而不是向後捲。

‧尾骨朝雙腳拉長。

‧避免骨盆或下背部有任何運動。

‧在腹部下面放一小條捲起的毛巾，有助於幫助保持骨盆位置。

**【注意】**這不是向後仰！讓腹部倒塌會增加下背部壓力。

圖 8-28　跪姿抬腿

## 跪姿抬腿

強化臀大肌幫助骨盆穩定，改善姿勢協助彎曲和提起動作。

### 預備

用手肘和膝蓋跪在地上，脊椎保持正確姿勢，手肘位在肩膀下方，上手臂面向前。右腿向後伸直，腳彎曲、腳趾靠在地上，保持臀部與地面水平且方正。

### 動作

吸氣預備，吐氣時動員腹橫肌，縮臀並慢慢地將腿抬高，保持臀部與地面水平且方正。從臀部拉長腿往地面降低，並保持臀部和上半身不動。換邊之前可以視需要增加練習次數，並注意維持自然呼吸。

### 要訣

· 抬高前先啟動臀肌以協助正確肌肉動員。
· 從臀部將腿拉長但避免固定住膝蓋。
· 透過支撐的臀部抬高避免膝蓋滾動。
· 髖骨保持面向地板。
· 肩胛骨放鬆。
· 以能保持正確臀部位置的腿部高度為限。
· 控制且緩慢地進行。

**【注意】**腿抬太高會使背部拱起。剛從骨盆帶疼痛中復元的女性會感覺這個運動不舒服。

### 替代動作

如果膝蓋或胸部不舒服，可改採站姿。

圖 8-29　臀大肌內縮訓練

**臀大肌內縮訓練**

縮短因伸展而疲乏的臀大肌，並且增加內縮的肌力。

預備和動作都跟上面的跪姿抬腿相同，但膝蓋彎曲 **90** 度。這個動作減少施力來自膕膀肌，並集中臀大肌的工作量。膝蓋彎曲進行幾次循環，檢查上述所有技巧，特別是臀部跟脊椎姿勢。保持抬高姿勢幾秒鐘，維持正確姿勢然後下降。保持自然呼吸。

進階動作是透過增加腿抬高的時間，且必須要在臀部完全伸展的情況下，才能有效進行內縮運動。以維持 **10** 秒鐘為目標，並視需要增加練習次數。

**【注意】**膝蓋彎曲很容易造成不正確的脊椎姿勢；請仔細觀察，務必確定下背部是不受影響的。

**動作調整**

如果這個動作難以維持，可以請家人協助以適當高度支撐膝蓋。然後注意不讓腿下垂，並幫助控制降低的高度。

## 圖 8-30 側抬腿

### 側抬腿

強化臀中肌、臀小肌幫助骨盆穩定。

**預備**

以正確脊椎姿勢側躺後，位於底下的腿彎曲、膝蓋稍微向前，而上面的腿伸直與身體形成一直線。頭靠在底下的手臂上，腰部抬離地面。勾起上方的腳掌，大腿旋轉向前，讓側腿面向天花板，腳趾斜朝向下。上方手臂稍微向前靠在地上。

**動作**

吸氣預備，吐氣時動員腹橫肌，慢慢地抬高上面的腿，保持臀部向前、膝蓋放鬆。大腿抬高到關節可以承受的高度，維持臀部不往腰部陷落，然後再緩慢地控制下降。換腿之前可以視需要增加練習次數，並注意維持自然呼吸。

**要訣**

- 從臀部把大腿拉長。
- 腿抬高時避免腰部垂落地面。
- 過程中保持正確姿勢。
- 當腿部下降時製造阻力感。
- 如果感覺不舒服，彎曲上面的膝蓋。
- 腳不要過度彎曲，位置較低的腿用力。
- 臀部向前旋轉時，讓它向後轉會使用到股四頭肌和臀屈肌，而不是預期的肌肉部位。
- 上面的肩膀向下拉。
- 緩慢小心地進行，不要試圖把腿往上甩。

**【注意】**骨盆帶疼痛剛復元的女性會覺得這個練習不舒服。

圖 8-31　側躺抬膝

**側躺抬膝**

強化臀中肌協助骨盆穩定。

**預備**

以正確姿勢側躺，膝蓋和腳併攏，將膝蓋彎曲 **45** 度。底下的手臂在頭的下方伸長，上方的手臂放鬆在前，肩膀向下拉。

**動作**

吸氣預備，吐氣動員腹橫肌，並抬高上方膝蓋，腳併攏在臀部位置旋轉。骨盆不要向後搖動。控制膝蓋慢慢下降，並視需要增加練習的次數。

**要訣**

· 維持脊椎正確姿勢。
· 過程中保持臀部垂直重疊。
· 抬高到仍能維持正確骨盆位置的高度。
· 避免向後滾動到臀部。
· 感覺臀肌拉動腿部。
· 保持上面的肩膀下拉脊椎延展。

【**注意**】骨盆帶疼痛剛復元的女性會覺得這個練習不舒服。

圖 8-32　內大腿抬高

**內大腿抬高**

強化內收肌幫助骨盆穩定。

**預備**

以正確姿勢側躺，頭靠在底下的手臂上。上面的腿往前拉，膝蓋彎曲，膝蓋下面放幾個墊子來維持膝／臀的位置。下面的腿伸直並確定內側大腿面朝上。上面的手放在身體前方的地上支撐，肩膀放鬆向下。脊椎拉長使腰部抬高離地。

**動作**

吸氣預備，吐氣時動員腹橫肌，並往天花板抬高底下的腿，保持內側大腿在最上面膝蓋放鬆。控制地下降，上半身貼地保持放鬆。換邊前視需要增加練習次數。

**要訣**

· 過程中保持正確姿勢。
· 從臀部向外拉長腿。
· 腿部抬高時避免底下的腰部下垂。
· 如果膝關節感覺不舒服放鬆膝蓋。
· 腳不要過度彎曲，位置較低的腿用力。
· 假如臀部感覺不舒服把上面的膝蓋往雙腳下移。
· 緩慢且控制地進行運動。

**【注意】**骨盆帶疼痛剛復元的女性會覺得這個練習不舒服。

# 靜態伸展

## 從坐姿變化成仰臥姿

總是先側躺再轉成仰臥姿勢。保持膝蓋和雙腳對齊，再將腿和身體同時翻轉過去。扭轉身體前先滾動腿部會扭轉到下背部，並且拉扯骶髂關節。

這些伸展的目的是釋放肌肉張力，因此每個伸展的時間應該要足夠，使肌肉放鬆、柔軟很重要。沒有辦法預設何時會產生這種反應，這會隨伸展角度的感覺和姿勢的舒適度而異，例如主動伸展不會像被動伸展那麼容易持續。基於這個原因，以下的伸展沒有設定時間。

**重要資訊**

所有的伸展應保持在位置上，直到有放鬆的感覺出現。這種放鬆應該是在正常的關節範圍之內，一旦超出這個點的伸展便不適合產婦。

### 仰臥身體伸展

拉長身體釋放壓力。

**預備**

俯臥，雙腿一起沿著地板向外拉長，手臂放在頭上方地板放鬆。如果這使背部拱起，膝蓋略彎。

**動作**

手臂和腿盡量以舒服的方式，從頭到腳反向伸展。感覺胸腔抬高離地，並視需要增加練習次數。

**要訣**

‧如果腳趾拉長造成抽筋就彎曲雙腳。
‧放鬆時維持伸展的感覺。
‧避免脊椎過度延展。
‧慢慢地進行。

**【注意】**剖腹產後，多數女性對於這個伸展會有遲疑，其實可以放心慢慢來，因為這對於拉長疤痕組織有幫助。

圖 8-33　仰臥身體伸展

圖 8-34 仰臥膕膀肌伸展

**仰臥膕膀肌伸展**

拉長膕膀肌減少肌肉壓力，並改善姿勢。

**預備**

以正確姿勢仰躺，將膝蓋彎曲讓雙腳浮貼在地上。

**動作**

輕輕縮腹，一邊膝蓋抬高向上並用雙手扶住大腿後側。慢慢地拉長膝蓋直到大腿後側感覺拉扯。如果需要可以支撐上下方的腿部。試著放鬆大腿前後並仍然保持在位置上。一邊做完換另一邊，並注意維持自然呼吸。

【**注意**】不要用伸展來改善柔軟度。

**要訣**

·過程中保持臀部貼在地上。

·肩與臀保持對齊。

·腿跟同側的肩膀保持對齊。

·伸直膝蓋而不是將彎曲的膝蓋拉近。

·慢慢進入伸展不要反彈。

·上半身放鬆。

·不要試圖伸展超過正常範圍。

·假如腿開始顫抖，可以把腿降低再慢慢地伸展。

**替代動作**

·拿條帶子繞過腳底，用它把腿拉進來。

·以坐姿進行。

**進階動作**

伸長底下的腿來增加膕膀肌強度，並加入下腿部臀屈肌伸展，因為這可能拉到下背部要小心地執行。

圖 8-35　仰臥臀肌伸展

**仰臥臀肌伸展**

拉長臀肌。

**預備**

採取正確仰臥姿勢，膝蓋彎曲、雙腳平放在地上。左膝彎曲跨過身體，腳踝放在膝蓋上面的右大腿。

**動作**

腹部輕輕內縮左腳抬高離地，用一手握住右大腿，另一邊的大腿將膝蓋拉向胸口。左腿保持膝蓋向外，讓右大腿膝蓋抵住左腳踝。左大腿外側會感覺伸展。一邊做完換另一邊，並注意維持自然呼吸。

**要訣**

- 不要讓下方放開的腳踝向外偏。
- 被抵住腳踝的膝蓋，要保持向側邊張開的位置。
- 頸部拉長保持肩膀放鬆。
- 手肘鬆軟。
- 持續呼吸。

**【注意】**要小心這個伸展可能會拉扯剖腹產的傷口。

**替代動作動作**

採取坐姿。

圖 8-36　梨狀肌伸展

## 梨狀肌伸展

伸展深層臀肌。這對有坐骨神經痛的女性有用。

### 預備

仰躺膝蓋抬高，左大腿向右跨。

### 動作

腹部輕輕內縮抓住下面大腿，膝蓋往胸口拉並將下面大腿往旁邊張開。感覺有深層的伸展放射穿過左臀。放鬆後，換做另一邊，並注意維持自然呼吸。

### 要訣

‧由於肌肉可能突然變得相當緊繃，要緩慢地進入伸展。

‧盡可能注意放鬆臀部。

‧頭部向下並放鬆。

‧保持臀部方正，不要滾到一邊。

圖 8-37　彩虹伸展

## 彩虹伸展

活動胸椎並伸展臀肌。

### 預備

以正確姿勢側躺，在頭底下放一個枕頭或塊狀物保持脊椎正確位置。雙膝彎曲放在前面，手臂伸直放在胸前地上，掌心相對肩膀放鬆。

### 動作

腹部輕輕向內縮，朝天花板抬高上面的手臂，肩膀向下拉並轉動頭部往上看。手繼續移動到另一邊時，頭也跟著轉。上方手臂張開到低於肩膀的位置，臀部相疊，保持呼吸。回復時，用腹部肌肉拉身體回到側躺姿勢，手臂以一直線在胸部上方向上伸展，再回到開始位置，並注意維持自然呼吸。

### 要訣

‧這個動作受胸椎的靈活度限制，但如果滾動到臀部，就是使用骨盆和腰椎來轉動，就跟這個動作的目的相牴觸了。

‧確定骨盆和腰椎保持不動，避免向後滾。

‧過程中臀部保持疊起。

‧手臂拉長遠離肩膀。

‧肩胛骨向下拉。

‧當頸部轉動時放鬆。

‧胸部張開伸展時暫停並放鬆。

‧用腹部往反方向拉動肋骨回復。

‧動作保持緩慢而控制。

## 坐姿伸展

**坐下時保持正確姿勢**

在坐姿伸展時，坐骨底下放軟墊或塊狀物可以協助保持正確的直立坐姿。

### 坐姿膕膀肌伸展

拉長膕膀肌。

**預備**

以正確直立坐姿坐在地上，一腿往前伸直膝蓋柔軟放鬆，而另一腿以舒服的姿勢往側邊彎曲。向上抬高到坐骨，支撐的手放在身體後面。

**動作**

腹部輕輕內縮，雙手向下壓拉長脊椎。身體緩慢地向前傾斜直到伸直的腿後面感覺到伸展。拉長的腿的膝蓋和腳趾保持向上。另一邊的腿重複動作。維持自然呼吸。

**要訣**

‧維持脊椎拉長，不要離開坐骨。

‧胸部抬高增加拉長長度。

‧拉長的腿膝蓋放鬆。

‧如果沒有感覺到伸展，把手往下壓臀部稍微向後抬高，保持腳跟位置。記得同時移動雙臀，這樣能使膕膀肌拉得更長。

‧如果能夠維持正確姿勢，把雙手放在前面的地上。

‧慢慢地進入動作。

圖 8-38　坐姿臀肌伸展

**坐姿臀肌伸展**

拉長臀肌並增加胸椎靈活。

**預備**

以正確直立坐姿，右腿向前伸直膝蓋放鬆。左腿彎曲向右，腳平放在地上靠近右腿。左腿抬高到坐骨，支撐的手放在後面地板上。

**動作**

腹部輕輕向內縮，右手環抱左膝，輕輕地引導膝蓋貼向胸前。拉長脊椎並向左旋轉上半身，兩邊臀部穩定地坐在地上。感覺左側臀部與右邊軀幹整個伸展拉開。一邊做完換另一邊，並注意維持自然呼吸。

**要訣**

· 用手肘和上手臂環抱膝蓋於胸前。

· 脊椎拉離坐骨。

· 肩胛骨向下滑。

· 如果感覺不到伸展，把腳移靠近臀部些。

· 保持臀部穩定地在地板上。

· 如果胸部不舒服的話，避免旋轉或以躺臥姿進行。

· 持續呼吸。

**進階動作**

扭轉時可以抬高坐骨角度，再慢慢地加大轉動幅度。

### 坐姿內收肌伸展

拉長內收肌。

**預備**

以正確直立姿勢坐在地上，腳掌相對膝蓋向側邊張開。身體從坐骨向上抬高，雙手放在身後支撐。

**動作**

輕輕縮腹，用手臂在身體後方支撐，臀部向前滑動到腳跟直到內側大腿感覺伸展。膝蓋放鬆，並注意維持自然呼吸。

**要訣**

· 用雙手將身體重心稍微向前推。
· 手肘避免固定。
· 脊椎從坐骨向上拉長。
· 臀部穩定坐在地上。
· 如果會比較舒服的話，可以把雙手放在前方地上。
· 這個伸展不要試圖推得太遠。

**【注意】**剛從骨盆部位疼痛復元的女性，要再次確定伸展內收肌，由於她們可能覺得擔心這個部位，所以慢慢地進入這個伸展是很重要的，以便讓肌肉有時間適應。沒有必要的關心與注意，而移動得太快和（或）強迫進行這個運動，會導致疼痛。

圖 8-39　坐姿胸肌伸展

### 坐姿胸肌伸展

拉長胸肌並改善姿勢。

**預備**

雙腿以舒服的姿勢，正確直立地坐在地上。手指放在臀部後方地面，以免重心向後傾。

**動作**

輕輕縮腹，拉長脊椎，胸部張開，手肘向下拉。胸腔往下拉預防胸部抬高以保持正確脊椎位置。感覺伸展橫跨胸口與前面肩膀，並注意維持自然呼吸。

圖 8-40　坐姿斜方肌伸展

**要訣**

· 保持重心在臀部避免往後靠在手臂上。
· 脊椎從坐骨向上拉長。
· 胸部展開但不抬高。
· 胸腔和肩胛骨向下拉。
· 避免手肘固定。

## 坐姿斜方肌伸展

減少中斜方肌因姿勢改變引起的緊繃。

**預備**

雙腿以舒服的姿勢，正確直立的坐在地上。手臂在肩膀高度往側邊伸展，肩胛骨向下拉。

**動作**

腹部輕輕向內縮，骨盆傾斜（恥骨往上）手臂往胸前拉，脊椎和頭部彎曲。手肘彎曲握住反側的上手臂肩膀向前推。感覺肩胛骨之間伸展，並注意維持自然呼吸。

**要訣**

· 肩胛骨向下拉頸部伸長。
· 骨盆傾斜避免身體垂落地面。
· 坐骨向下伸展脊椎仍然拉長。
· 保持手肘彎曲在前。
· 維持肩膀在臀部的上方，但不要從臀部往前傾斜。
· 利用頭部完成脊椎前捲。

圖 8-41 坐姿闊背肌伸展

## 坐姿闊背肌伸展

拉長和減少闊背肌壓力，並增加胸椎靈活。

### 預備

雙腿以舒服的姿勢，正確直立的坐在地上。雙手放在臀部正前方的兩側地上。

### 動作

輕輕縮腹右手臂向上朝著天花板拉長脊椎。繼續拉長的感覺往上伸並跨過左側，支撐的手臂向前滑離身體。感覺伸展沿著右側身體往下。脊椎拉長向上抬高手臂回復直立姿勢。換做另一邊前，將雙手平放回地上，並注意維持自然呼吸。

### 要訣

- 身體側彎時繼續向上伸展。
- 為了避免垮向支撐的那一側，要盡量保持拉長伸展。
- 反側的臀部要固定在地上。
- 確定支撐的手臂維持在臀部前方。
- 上面的手臂稍微向前避免背部拱起。
- 肩胛骨向下拉並伸長頸部。

圖 8-42　坐姿頸部伸展

### 坐姿頸部伸展

拉長頸部肌肉並釋放壓力。

#### 預備

雙腿以舒服的姿勢，正確直立的坐在地上。雙手放在臀部正前方的兩側地上。

#### 動作

輕輕縮腹頭向右側彎，耳朵靠近肩膀。肩膀向下拉並感覺有伸展沿著頸部左側向下。暫停並回到中央。一邊做完換另一邊，並注意維持自然呼吸。

#### 要訣

· 從坐骨拉長脊椎。
· 不要向側邊垂落或傾斜。
· 胸腔和肩胛骨向下拉。
· 確定動作來自頸部。

#### 動作調整

下巴往右胸移動，同時左手臂往下拉長，感覺有伸展向下進入左肩。坐在椅子上或站著，可能比較容易進行這個運動。

圖 8-43　放鬆

## 放鬆

減輕壓力並放鬆身體。

### 預備

採取仰臥姿勢時如果有需要，可以在頭和大腿地下放墊子。選擇頭部舒服的姿勢閉上雙眼，感覺身體有地板和墊子的良好支撐。

### 動作

從臀部將腿和腳向外轉並放鬆。自肩膀將手臂向外滾動，讓手掌面向天花板。緩和地用自己的節奏吸氣和吐氣，在每次吐氣時試著更放鬆一些。覺得自己陷在支撐物上。把思緒專注在可以使你感覺平靜和放鬆的事物上，並盡可能保持這個姿勢久一些。

### 休息放鬆

當放鬆結束給自己一點時間來恢復。張開雙眼並緩慢地重新適應環境。輕輕縮腹一次一邊膝蓋彎曲雙腳平貼在地。膝蓋和腳併攏小心地滾到一邊呈側躺姿勢休息一小段時間。當你覺得可以起身了，慢慢地用手向上推形成坐姿。如果時間允許，在換成站姿前，保持這個姿勢進行本章中的放鬆運動（例如肩膀轉圈、手臂畫圓、轉頭運動和側彎）。

圖 8-44　站姿向上伸展

## 站姿伸展——從坐到站的過渡姿勢

從坐姿把重量移到雙手和膝蓋並且變化成跪姿。雙手向內往膝蓋移動，並抬高上半身形成直立跪姿。把一邊腿拉到身體前方，腳掌放在地上。用向前移的動作拉動身體向上－不要用前大腿向下壓。

### 站姿向上伸展

伸展和舒緩。

**預備**

以正確直立站姿，手臂放鬆置於身體兩側。

**動作**

吸氣，並從肩膀朝天花板向上、往外拉長手臂。感覺脊椎拉長手臂抬高時維持正確姿勢。吐氣放下手臂，保持脊椎長度，並視需要增加動作次數。

**要訣**

- 手臂抬高時肩胛骨向下拉。
- 手臂稍微向前維持正確姿勢。
- 胸腔下拉避免胸部抬高。
- 過程中從肩膀向外拉長手臂。
- 手臂下降時維持脊椎長度。

圖 8-45　站姿腓腸肌伸展

**站姿腓腸肌伸展**

拉長和減少腓腸肌緊繃，協助改善姿勢。

**預備**

採取正確直立站姿，雙手放在腰上。雙腳張開與臀同寬，左腳向後跨一大步，雙腳腳跟向下，腳朝前。

**動作**

腹部輕輕向內縮，前腳膝蓋彎曲，後腳膝蓋打直、腳跟向下壓。雙邊臀部向前方。一邊做完換另一邊，並注意維持自然呼吸。

**要訣**

· 上半身稍微前傾，保持從頭到腳跟形成對角線。

· 胸部抬高並展開。

· 肩胛骨向下滑。

· 前腳膝蓋在腳踝上方對齊。

· 感覺小腿肚伸展。

· 把腳向後移動感覺更密集的伸展。

· 必要時利用牆壁或椅子作支撐。

**替代動作**

如果不能感覺伸展，可以一腳放在下層樓梯讓腳跟懸空。再彎曲支撐的膝蓋讓腳跟向下垂。避免鎖死拉長腿的膝蓋。

## 站姿臀屈肌伸展

拉長並減少臀屈肌緊繃，協助改善姿勢。

### 預備

與腓腸肌伸展的開始姿勢相同，但側向面對牆壁或椅子站立，一手靠在上面支撐。從地上抬起後腳跟，但確定重心維持在雙腳之間。

### 動作

腹部輕輕向內縮，膝蓋彎曲、骨盆傾斜、恥骨抬高向上。拉長脊椎，胸部展開。感覺有伸展橫越過後腿的臀部前方。一邊做完換另一邊，並注意維持自然呼吸。

### 要訣

· 保持膝蓋淺淺彎曲。
· 確定身體重量正中分散在雙腳之間。
· 保持臀部水平面向前。
· 脊椎向上拉長，避免向後仰。
· 臀部前面拉長。
· 肩胛骨向下滑。

圖 8-46 站姿比目魚肌伸展

## 站姿比目魚肌伸展

拉長並減少比目魚肌緊繃，協助改善姿勢。

### 預備

與小腿伸展相同，但雙腳要併攏、身體重量須保持在中心。

### 動作

輕輕縮腹彎曲雙膝，後腳跟放在地上。重心移到後腳上但保持脊椎正確姿勢，小腿下方感覺伸展。一邊做完換另一邊，並注意整個過程都要維持自然呼吸。

### 要訣

・維持胸部抬高開闊。

・肩胛骨向下滑。

・臀部和膝蓋向上拉並保持水平。

・保持雙膝姿勢正確。

・如果感覺不到伸展，可以將身體重心移到後腳。

・不使背部拱起。

・倘若需要，可使用牆壁或椅子作支撐。

圖 8-47　站姿股四頭肌伸展

## 站姿股四頭肌伸展

拉長並減少股四頭肌張力，協助姿勢校正。

### 預備

以正確直立站姿站在牆壁或椅子旁邊，一手靠在上面作為支撐。外側的腿拉到蹠骨，重量轉移到支撐的腿上，並從臀部抬高。

### 動作

腹部輕輕內縮，外側膝蓋抬高、握住前面腳掌。膝蓋向後移直到位於臀部正下方，並用支撐的腿抬高，保持膝蓋柔軟放鬆。脊椎拉長並感覺大腿前面伸展。一邊做完換另一邊，並注意維持自然呼吸。

### 要訣

· 一直保持直立抬高姿勢。

· 如果直接握住腳掌會不舒服，握住襪子或長褲。

· 膝蓋指向下並且靠近另一邊膝蓋。

· 腳不要拉得太靠近臀部。

· 支撐的膝蓋彎曲。

· 假如感覺不到伸展，把腿向後移，臀部稍微用力推。

· 肩胛骨放鬆。

圖 8-48 站姿膕膀肌伸展

## 站姿膕膀肌伸展

拉長並減少膕膀肌緊繃，協助改善姿勢。

### 預備

採取正確直立站姿，兩腳前後張開。腹部輕輕向內縮，兩邊膝蓋彎曲向前傾並將雙手放在後腿中央。

### 動作

身體重心向上移並往天花板抬高臀部，慢慢拉直前膝蓋。感覺伸直的後腿伸展。一邊做完換另一邊，並注意維持自然呼吸。

### 要訣

- 支撐的膝蓋保持正確對齊。
- 避免伸展的時候往後坐－坐骨向上抬高。
- 不要讓背部過度伸展。
- 膝蓋避免固定。
- 拉長脊椎。
- 肩胛骨放鬆。

圖 8-49　站姿內收肌伸展

## 站姿內收肌伸展

拉長並減少內收肌緊繃，協助改善姿勢。

### 預備

以正確直立站姿，雙腳以舒服的方式張開，雙手插腰。左腳向外張開，保持膝蓋對齊，右腳和左腳平行。

### 動作

腹部輕輕內縮並彎曲左膝，右腿伸直而雙腳平放在地上。拉長脊椎、胸部展開。感覺右邊內側大腿伸展。一邊做完換另一邊，並注意維持自然呼吸。

### 要訣

·保持臀部向前。

·重心移到支撐側。

·伸直的腿從臀部拉長。

·膝蓋對齊腳趾上方。

·避免腳踝或打直的腿的膝蓋滾動。

·如果感覺不到伸展，縮腹並抬高臀部，身體稍微向前傾。

**【注意】**剛從骨盆帶疼痛復元的女性會不放心伸展內收肌。慢慢地進入這個伸展是很重要的，以便讓肌肉有時間適應，移動得太快和強迫進行這個運動會導致疼痛。

圖 8-50 站姿胸肌伸展

## 站姿胸肌伸展

拉長並減少胸肌緊繃，協助改善姿勢。

### 預備

以正確直立站姿，雙手放在臀部上。

### 動作

腹部輕輕向內縮，手肘向後拉展開胸部。胸腔向下拉伸展脊椎。感覺伸展橫越胸部和肩膀前方。可以視需要增加動作次數，並注意維持自然呼吸。

### 要訣

· 膝蓋放鬆。
· 展開胸部但不要抬高。
· 胸腔向下拉避免背部拱起。
· 脊椎拉長與頸部成一直線。
· 肩胛骨放鬆。

圖 8-51　站姿側彎伸展

### 站姿側彎伸展

拉長和減少闊背肌緊繃，並增加胸椎靈活。

**預備**

採取正確直立站姿，雙手放在臀上。

**動作**

輕輕縮腹，右手臂朝向天花板伸直，並拉長脊椎。繼續拉長的感覺並將手臂向右，支撐的手臂向下移到大腿中央。感覺伸展沿著身體右側往下。拉長脊椎，手臂向上抬高回到直立姿勢。換做另一邊之前將手臂放下，並注意維持自然呼吸。

**要訣**

- 身體側彎時繼續向上伸展。
- 支撐側不要下垂，盡量保持反向伸展。
- 身體重心置中以避免臀部向外推。
- 上面的手臂稍微向前避免背部拱起。
- 肩胛骨放鬆、頸部拉長。

圖 8-52　站姿三頭肌伸展

### 站姿三頭肌伸展

拉長並減少三頭肌緊繃，協助改善姿勢。

**預備**

採取正確直立站姿。

**動作**

腹部輕輕向內拉，左手臂往朝天花板向上抬高，手肘彎曲，手指朝下放在肩胛骨中間。在輕輕放在頭後面之前，用右手往天花板抬高手肘拉長三頭肌。感覺左上手臂後面伸展。一邊做完換另一邊，並注意維持自然呼吸。

**要訣**

·一直保持正確脊椎姿勢。

·以臀部為樞紐稍微向前避免背拱起。

·手肘從肩膀處抬高。

·胸腔向下拉保持正確的脊椎位置。

·如果背部開始弓起，試著從前方支撐而不是從上面。

·頭部抬高並與脊椎成一直線。

·肩胛骨放鬆。

**替代動作**

這個伸展也可以用坐姿進行，但為了維持良好姿勢，最好還是使用站姿。

# 在非平面上的運動

在不平穩的基礎上運動不一定會使你更穩定，但提供了絕佳的神經肌肉回饋，也是正確肌肉動員的有效訓練。接下來會討論這類運動的兩種工具：瑜伽泡綿滾輪和瑜伽抗力球。

**重要資訊**

在開始用不穩定的基礎做運動前，確認腰骨盆的穩定已經恢復是很重要的，因此本書中僅介紹基本穩定練習。為了一致性，這組練習以和 Chapter 3 相同的分類方式，分成兩個階段。

本章大部分是泡綿滾輪，配合腰骨盆穩定的練習，但包含了幾個針對姿勢改變非常有用的運動，能夠放鬆僵硬部位和伸展肌肉。

# 泡綿滾輪

## 泡綿滾輪簡介

滾輪是有趣且多樣化的工具。可以用來躺下、仰臥或俯臥，或者墊著還是放在身體上。仰躺在滾輪上按摩脊椎，可以增加循環並刺激椎間盤吸收液體。

本書所有的滾輪動作都有助脊椎正中對齊，因懷孕而產生的姿勢變化也得以解決，因為滾輪有助於找到緊繃、虛弱、和受限制的區域。俯臥姿勢可能要考量胸部舒適而需要調整。

滾輪是個複雜的工具，但效果很好——建議媽咪們可以深入訓練。

**重要資訊**

一旦 Chapter 3 中第一階段的練習能夠在地板上正確執行，就能轉換到滾輪上練習。第二階段則要等第一階段正確完成後再進行；因為要是進展太快，會導致穩定肌錯誤動員。

## 仰臥運動

### 進入位置

從站姿到仰臥姿的轉換過程本身就是個運動！既然它需要一定程度的流暢、柔軟和肌力，這個姿勢可能不適合某些女性。有膝痛和持續性腹直肌分離的女性特別不適合。

#### 預備

以正確直立站姿，跨過滾輪、用腳踝夾住固定。膝蓋彎曲向下蹲，雙手支撐在前方地上。朝滾輪一端坐下，讓滾輪位在屁股溝下面。雙手移到身後的地上支撐。

#### 動作

輕輕縮腹骨盆傾斜，並緩慢用脊椎向下滾動直到躺在滾輪上。用手臂支撐不要讓腹部凸起。在這個轉換過程中，每塊脊椎骨都壓在滾輪上，並在動作開始前縮緊臀肌，以獲得有效

圖 8-53 進入位置

骨盆傾斜，並感受腰椎向下捲動。

一旦變成仰臥姿勢，試著讓脊椎在滾輪表面盡可能保持平直，並記住出現偏離的部位。如果能夠，將手臂放在地上，掌心朝上放鬆地躺在滾輪上，自然地呼吸。當肌肉開始放鬆，找到正中位置可以讓身體更輕鬆。

**【注意】**起初會感覺相當不舒服，因此多花幾分鐘讓身體穩定很重要。

**要訣**

・抵抗緊實的滾輪表面時，你的背會有點緊繃，因此要多些時間讓肌肉放鬆。

・要確定雙腳重量相等不要傾斜。

・保持骨盆水平。

・維持胸部張開，胸腔背面與滾輪接觸。

・頭部對齊往上看著天花板。

・如果幾分鐘後仍然感覺不舒服，特別是胸椎，可能要在滾輪上面再放塊薄墊或毛巾。

・在薦骨／尾骨下面放塊瑜伽磚或毛巾可以減輕壓力和不適。

**【注意】**轉換時要特別注意，避免腹部凸起。

圖 8-54　合而為一

### 合而為一

維持上述仰臥姿勢 **5** 分鐘（為了解除不必要的緊張，時間越久越好），感覺身體慢慢地適應滾輪的壓力，並使得肌肉放鬆。當身體柔軟跟支撐融成一體時，脊椎骨應該開始打開而且胸部擴張。

如果時間允許，接著作下列的運動；如果沒有，就使用正確的步驟離開滾輪。

### 離開滾輪的時候

離開滾輪可能感覺有些不舒服，特別是已經過了一段時間。腹部輕輕往內縮將整個身體滾動到一邊，將滾輪推開。

躺回地上享受新表面的「柔軟」，感覺胸部寬闊和拉長的脊椎。躺著幾分鐘並放鬆。

圖 8-55　肩膀放鬆

## 肩膀放鬆

釋放肌肉壓力並增加胸椎靈活。

### 預備

以正確的脊椎位置，如同上面的方式躺在滾輪上，一次一隻手臂向上舉高，肩胛骨放鬆向下拉到滾輪側邊。感覺好像手臂懸吊在天花板上一樣。

### 動作

先動員腹橫肌，然後吸氣時兩手向上延伸，手肘打直。感覺肩胛骨在身體旁邊抬高，胸腔後面陷進滾輪裡。保持手肘伸直，手臂放鬆、肩胛骨靠在滾輪的任一邊，並注意維持自然的呼吸。

### 要訣

- 手臂張開約為肩膀寬度。
- 吸氣抬高手臂，對胸椎靈活度有幫助。
- 手臂抬高時維持頸部拉長。
- 放鬆肩膀讓它們向下陷得更深。
- 下降時感覺肩胛骨在滾輪旁放鬆。
- 一直保持正中位置。

圖 8-56　展臂擴胸

### 展臂擴胸

這個動作的地板練習細節請參考第 **34** 頁。這個動作在滾輪上進行特別有效益，因為會幫助拉長緊繃的胸肌。暫停，雙手往側邊張開，讓肌肉放鬆、拉長。這個姿勢會使神經從手臂內側向下伸展到手指，肩膀刺痛。如果變得不舒服，避免用力推，維持動作持續而緩慢。倘若姿勢改變使肱肌往內側旋轉，可能會降低運動範圍並且出現神經麻痺。鼓勵肱肌在運動前先向外旋轉是有益的。

來自 **Chapter 3** 額外補充的第一階段運動可以轉換成滾輪，它們能正確地在地板上進行：

- 剪刀手。
- 手臂畫圓。
- 骨盆傾斜。
- 滑腿。
- 剪刀手滑腿／手臂畫圓／展臂擴胸。
- 抬膝。
- 脊椎捲動（在滾輪上的運動範圍會縮小）。

跟之前一樣，溫和地縮腹動員腹橫肌，以及在整個過程中保持正常呼吸。不一定要持續提醒啟動腹橫肌，一旦它們被動員了便會在運動過程中持續作用。

### 牆上桌面姿勢

這個姿勢需要增加使用區域穩定肌，以便夠停在滾輪上！由於這個是不自然的姿勢，不適合剛從骨盆部位疼痛復元的女性。

#### 進入牆上桌面姿勢

根據滾輪的長度，一端可以靠在牆上。較短的滾輪則要放遠一些。小心地根據以下步驟進入姿勢－由於膝蓋的空間減少所以較困難！以正確脊椎姿勢跟之前一樣躺在滾輪上，手臂放在地上加強支撐。動員腹橫肌一隻腳浮起靠在牆上；另一邊亦同。雙腳約臀寬張開、膝蓋跟臀部成 90 度角。如果這個姿勢造成下背部不舒服，改變成第 40 頁討論到的胸前桌面姿勢。放鬆臀屈肌使雙腿輕輕靠在牆上。胸腔溫柔地向下脊椎拉長。

以下有兩個作為這個姿勢的入門運動，可以利用牆面作支撐。

## 8-57 腳跟與手肘抬高

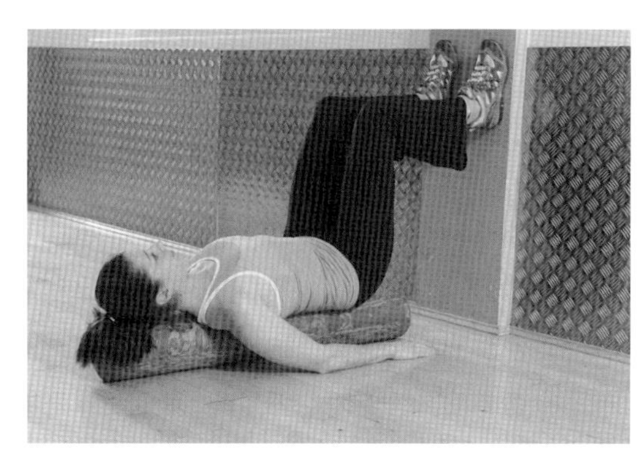

**腳跟與手肘抬高**

動員深層穩定肌，改善腰骨盆穩定。

**預備**

進入牆上桌面姿勢，手肘彎曲放在地上，指尖放在髖骨上。

**動作**

吸氣預備，吐氣時動員腹橫肌，並慢慢地向上抬高一邊腳跟，同時將另一邊手肘抬離地面，放下並將重心移到另一邊。一邊做完換另一邊，並注意維持自然呼吸。

**要訣**

·用手指檢查骨盆保持對齊，不要左右搖晃。
·維持正中或上下對齊。
·不要推牆。
·避免臀屈肌用力。
·保持上半身放鬆。
·緩慢且控制地進行。

**進階動作**

將兩邊手肘抬高離地，並接著換腳抬高。

## 8-58 牆上走路

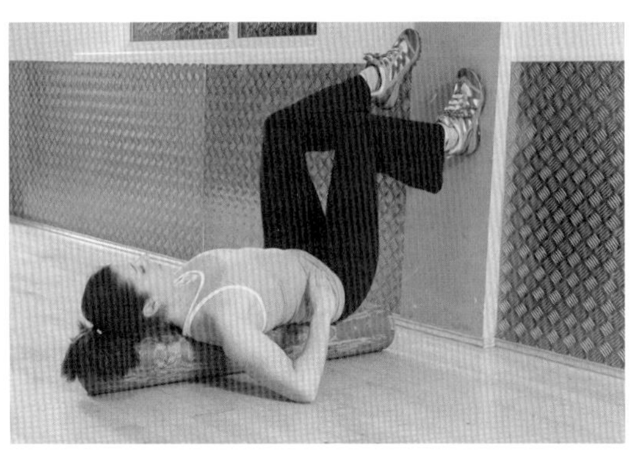

### 牆上走路

動員深層穩定肌，並改善腰骨盆穩定。

#### 預備

與腳跟和手肘抬高相同姿勢，手肘彎曲指尖放在髖骨上。

#### 動作

吸氣預備，吐氣時動員腹橫肌，慢慢地將左右腳腳跟拉離牆面，抬高腳弓完全運動整個腳部。腳放到牆面的順序則相反，也就是從腳跟到腳趾。以不搖晃臀部的控制方式有韻律地移動。維持自然呼吸。

#### 要訣

- 維持正中或上下對齊。
- 胸腔與滾輪接觸。
- 避免左右搖晃骨盆。
- 不要用支撐側在牆上施力。
- 如果可以手肘不要碰地。
- 避免臀屈肌施力。
- 上半身保持放鬆。
- 緩慢且控制地進行。

一旦這兩個運動能有自信地在牆上進行，把滾輪移到房間中央。沒有滾輪支撐，建議採用使桌面姿勢，使脊椎正確地上下對齊；因為如果脊椎偏了，都還在安全範圍之中。

可以使用 **Chapter 3** 中的第二階段動作：

- 滑腿。
- 單腿伸展。
- 摸腳趾（運動範圍要縮小以保持安全）。

圖 8-59　肩胛骨穩定

## 俯臥運動

對於哺乳的媽媽這個姿勢可能會不舒服。乳房上下都擺放捲起的毛巾或軟墊，可以釋放壓力；如果不舒服持續出現要先暫緩這些運動。

### 肩胛骨穩定

強化下斜方肌；提供肩膀穩定和改善上肢姿勢。

#### 預備

俯臥在地上，雙腿併攏、手臂以深 **V** 形伸到頭上面，靠近滾輪兩端。滾輪穩定地放在掌根下面的地上，肩胛骨往下拉到背部。手肘抬高離地，前額放鬆放在地上或小墊子上。

#### 動作

先動員腹橫肌，然後慢慢地把滾輪往下滾，讓它從掌根滾到指尖。保持手肘幾乎筆直，如此一來運動便來自於肩胛骨，肩胛骨應該更向下滑。在回復階段，肩胛骨向下拉抵抗向上的拉力，並保持頸部拉長，注意維持自然呼吸。

#### 要訣

・保持動作小但有良好控制。

・在運動的兩個階段注意把肩胛骨向下拉。

・手腕抬高。

・身體不動，肋骨往臀部拉保持對齊。

・如果背部感覺不舒服，在腹部底下放個小墊子。

## 8-60 肩胛骨穩定和胸椎伸展

**肩胛骨穩定和胸椎伸展**

將滾輪向下拉提供肩胛骨以上的穩定，並且繼續抬高上半身、伸展胸椎。保持肋骨、臀部和膝蓋之間的連結動作只發生在胸椎。下背部不要過度伸展。這是矯正脊椎後凸姿是最好的運動。

## 8-61 跪姿大腿和手臂抬高

### 跪姿大腿和手臂抬高

採取跪姿，滾輪沿著脊椎平衡，進行 **Chapter 3** 第一階段的跪姿大腿和手臂運動，再接著下列的動作：

- 手臂抬高。
- 滑腿。
- 同時抬手滑腿。
- 抬腿。
- 同時抬腿抬手。

### 跪姿正確脊椎正位對齊

滾輪是採取跪姿時，檢查正確對齊很有用的工具。滾輪直的擺在脊椎上並試著保持平衡。與滾輪接觸的位置應該是薦骨、下肋骨和後腦。良好的對齊能使滾輪保持在身體上久一些。

## 8-62 滾輪胸肌伸展

### 伸展

滾輪上伸展增加了額外的穩定因素，因為它鼓勵持續使用深層穩定肌。坐姿膕膀肌和臀肌伸展，如第 **130** ～ **131** 頁所述，可以用側坐在滾輪上的方式進行，注意不要讓膝蓋過度伸展。

**滾輪膕膀肌伸展**

側坐在滾輪上進行坐姿膕膀肌伸展，如第 **130** 頁所述，注意不要讓膝蓋過度伸展。

**滾輪臀肌伸展**

側坐在滾輪上進行坐姿臀肌伸展，如第 **131** 頁所述，注意不要讓膝蓋過度伸展。

**滾輪胸肌伸展**

拉長並減少胸小肌壓力，以便改善姿勢增加肩膀靈活。

**預備**

仰躺在滾輪，雙腳放在地上，脊椎保持正確正中位置。手臂放在肩膀位置兩側地上，並將手肘彎曲成 **90** 度，上手臂垂直掌心面向雙腳。

**動作**

吸氣預備，吐氣時動員腹橫肌，慢慢地往頭部放下上手臂和手背，手肘放在地上和手腕／上手臂對齊。確定胸廓貼在滾輪上。保持在最遠的位置，繼續呼吸並試著放鬆。

**要訣**

- 保持脊椎正確位置。
- 不讓胸廓抬高。
- 手臂放鬆，避免用力握。
- 目標是讓手腕放在地上。

圖 8-63 坐姿

## 抗力球

這個章節包含了基本的腰骨盆穩定運動，和幾個放鬆和伸展練習。也有訓練肌肉耐力的額外運動。

### 抗力球簡介

一旦腰骨盆穩定恢復了，抗力球為坐下的姿勢肌提供了絕佳的訓練基礎。在球上採取正確直立坐姿，能幫助動員腹橫肌與骨盆底肌。彎腰駝背的坐姿不僅停止深層穩定肌運作，也增加了球體的不穩定。

**重要資訊**

接下來的小段落是適合產後，可以增加強度和複雜性的球上運動。如前所述，第一級運動完全純熟後才進入更具挑戰性的第二級運動。建議沒有經驗的指導員進行抗力球進階訓練。

### 第一階段：坐姿運動

#### 坐姿

重新調整坐姿，改善腰骨盆穩定。

**預備**

確定球的大小正確合適，並已有效充氣－不正確的尺寸會使膝蓋和臀部錯位。雙腳張開與臀同寬，浮貼在地上，膝蓋和臀部垂直 **90** 度。雙手放在大腿上或球體上。

**動作**

坐著幾分鐘，自然地呼吸並保持身體正確對齊。沒有支撐的坐著是耐力活動，所以不要過度了！

**要訣**

· 重心平均分散在雙腳。
· 身體位在坐骨正上方。

## 8-64　坐姿骨盆傾斜

### 坐姿骨盆傾斜

縮短腹直肌，和改善腰骨盆穩定。

**預備**

坐下動作跟上面一樣，都是雙手向前伸以維持平衡。

**動作**

吸氣預備，吐氣時動員腹橫肌並傾斜骨盆，恥骨朝著胸骨向上抬高。用腹部而不是臀部進行動作，讓球在你的底下滾動。放鬆並恢復直立坐姿，把球滾回來。注意維持自然呼吸。

· 脊椎從骨頭向外拉長。
· 保持正確脊椎姿勢。
· 肩胛骨放鬆。

**【注意】**剛開始為了幫助平衡，你的雙腳要張開略比臀寬。你的底部基礎寬度縮小，會降低穩定度並使運動更具挑戰。

圖 8-65　坐姿轉臀

**坐姿轉臀**

放鬆下背部。

**預備**

坐姿同上。

**動作**

以圓形從骨盆傾斜開始移動到臀部。動作越大越好，但是避免駝背變成前傾。恢復直立坐姿，並從坐骨抬高身體。反向重複動作。

## 8-66 坐姿抬腳

### 坐姿抬腳

活動雙腳和改善腰骨盆穩定。

### 預備

開始坐姿同上。

### 動作

吸氣預備，吐氣時動員腹橫肌並抬高腳跟，球向前滾動。球滾回來前暫停。維持自然呼吸。

### 要訣

· 一直保持直立坐姿。

· 腳弓抬得越高越好，重心穿過每一隻腳的中央，並平均分散到腳趾關節。

### 進階動作

上半身向前傾斜，手或手肘靠在大腿上，變成強化小腿的運動。

## 8-67 坐姿抬膝

**坐姿抬膝**

改善腰骨盆穩定。

**預備**

坐姿同上。

**動作**

吸氣預備，吐氣時動員腹橫肌，將重心轉移到左腳。右腿浮起抬高膝蓋，再緩緩把右腳放下，並且把重心平均轉移到雙腳。做完一邊再換另一邊，可以視需要增加動作次數，並注意保持自然呼吸。

**要訣**

· 保持直立坐姿並從坐骨抬高身體。

· 避免支撐的腳用力向下。

· 不要用膝蓋抬高臀部。

· 保持重心在坐骨之間，不要往支撐的一側傾斜。

· 慢慢地進行，鼓勵穩定肌工作久一些。

## 8-68　坐姿剪刀手

### 坐姿剪刀手

改善腰骨盆穩定。

#### 預備

坐姿同上，將雙手抬高到胸前位置，肩膀保持放鬆。

#### 動作

吸氣預備，吐氣時動員腹橫肌，一隻手往頭上抬高另一隻手向下拉到身旁，朝上的手臂肩膀向下滑。保持雙手手臂筆直，慢慢地回到胸部高度並重複，再換手做，並維持自然呼吸。

#### 要訣

- 從坐骨向上拉。
- 手臂抬高時保持直立坐姿。
- 手臂抬高時胸廓向下拉。
- 手臂從肩膀向外拉得越遠越好。
- 肩胛骨一直放鬆。
- 保持動作緩慢且控制。

## 8-69 坐姿剪刀手抬膝

### 坐姿剪刀手抬膝

改善腰骨盆穩定，而這個運動需要增加區域穩定肌協助。

**預備**

坐姿同上，手臂抬高到胸前，肩膀放鬆。

**動作**

結合上面的剪刀手和抬膝運動。

**要訣**

- 過程中保持直立坐姿。
- 避免支撐的腳用力向下。
- 腳掌抬高、膝蓋浮起。
- 保持胸廓和肩胛骨向下拉。
- 手臂從肩膀向外拉得越遠越好。
- 保持動作流暢。
- 不要用膝蓋抬高臀部。
- 保持重心在坐骨之間，不要讓支撐的一側傾斜。
- 從你的坐骨抬高。
- 保持動作緩慢且控制。

## 8-70 俯臥抬手

## 第一階段：俯臥運動

### 抗力球上俯臥平衡

這個姿勢對有大胸部或剖腹產疤痕的女性可能會不舒服！進食後或脹尿也不適合！球體不飽滿可以增加舒適度。

躺在球體上，雙手平放在地板，墊起腳尖。確定重量平均分散在這四個支點。胸部應該在球體邊緣。雙手向下壓推高肩膀，手肘放鬆。雙腿從臀部向外拉長膝蓋放鬆。感覺頭和坐骨往反方向伸展，肩胛骨向下滑。

### 俯臥抬手

強化下斜方肌的矯正姿勢，並改善腰骨盆的穩定。

**預備**

以俯臥平衡姿勢躺在球體上。

**動作**

吸氣預備，吐氣動員腹橫肌，將上半身重量轉移到左邊。右手臂向上浮動在肩膀高度往頭上拉長。保持頭部對齊、不過度伸展。手放下將重心轉移到右邊。做完一邊換另一邊，視需求增加動作次數，並保持自然呼吸。

**要訣**

- 從球體向上抬高時腹部不要垂落，以免影響背部。
- 從肩膀向外拉長手臂。
- 用支撐的手向下壓可以避免肩膀陷落。
- 肩胛骨向下拉。
- 保持身體方正。

## 8-71 臀肌抬腿

‧維持其他三個支點固定在地上。

‧一直保持脊椎正位。

**進階動作**

身體重量更往前移。

### 臀肌抬腿

強化臀大肌矯正姿勢，並改善腰骨盆穩定。

**預備**

取得俯臥平衡姿勢。

**動作**

吸氣預備，吐氣時動員腹橫肌，將下半身重量轉移到左側。緊縮臀肌並從臀部拉長抬高右腿。不要讓背部過度伸展。右腳放下將下肢重量轉移到右側。換邊重複並注意維持自然呼吸。

**要訣**

‧抬高前先緊縮臀肌，鼓勵正確肌肉動員。

‧抬高離開球體時不讓腹部垂落，以免影響背部。

‧用雙手向下拉避免肩膀垂落。

‧肩胛骨向下拉。

‧維持身體方正以及臀部放在球體上。

‧保持其他三個支撐點固定在地上。

‧過程中保持脊椎正確位置。

‧雙腳交換增加穩定度挑戰。

## 8-72 泳式

### 泳式

強化臀大肌和下斜方肌來矯正姿勢與改善腰骨盆穩定。

#### 預備

取得俯臥平衡姿勢，但手腳往側邊張得更開來取得額外的平衡。

#### 動作

吸氣預備，吐氣動員腹橫肌，跟上面兩個運動一樣，慢慢地抬高右手臂和左腿。暫停並從中央拉長肋骨。放下並重複。維持自然呼吸。

#### 要訣

對於上面運動的補充：

- 感覺從指尖到反側腳趾有對角線伸展。
- 頭與脊椎對齊。
- 胸廓提高保持正確對齊。
- 保持轉換動作流暢且控制。

#### 進階動作

透過雙腳縮回到臀寬，和雙手張開到肩膀寬使基礎變窄。這樣會降低穩定度，使運動更具挑戰。

圖 8-73　背部伸展

**背部伸展**

伸展緊繃的脊伸肌，減少脊椎壓迫並放鬆！

**【注意】**不要在進食後或乳房飽滿的時候進行這個運動！

**預備**

跪躺在球上。

**動作**

輕輕地向前滾直到你的膝蓋抬高手肘彎曲。頭和膝蓋放鬆向下讓兩側的重量沿著球體拉長脊椎。維持幾秒鐘注意胸廓後面的呼吸。感覺脊椎更放鬆了。

**要訣**

· 脊椎盡可能捲起貼著球面。
· 完全放鬆。
· 讓重力從兩側拉長脊椎。
· 長髮要向後綁起來，因為可能在向前滾動時捲到球底下！

**【注意】**如果胸部感覺不舒服，釋放一些球裡的氣體。

**替代動作**

跪下向前抱著球。頭部往一邊放鬆。

## 8-74 俯臥反手展臂

# 第二階段：俯臥運動

## 俯臥反手展臂

強化中斜方肌來矯正姿勢，並增加腰骨盆的穩定。

### 預備

以先前的俯臥平衡姿勢開始雙腳分開。將重心移回雙腳，保持胸部舒適並將雙手放在球的下部。上身保持抬高並置中。

### 動作

吸氣預備，吐氣動員腹橫肌，肩胛骨下移手臂往兩側抬高。手肘放鬆從背部中央抬高，並注意維持自然呼吸。

### 要訣

· 抬離球體時不讓腹部下沉，否則這樣會拖累背部。

· 僅抬高手臂，身體不動。

· 手臂抬高時肩胛骨下拉。

· 頭部與脊椎對齊。

· 將手臂拉長遠離肩膀。

· 保持身體方正，臀在球上。

· 過程中保持置中。

## 8-75 翹翹板上推

### 翹翹板上推

針對提與抱的動作強化胸肌和三頭肌並增加腰骨盆穩定。

**預備**

採取雙腿併攏的俯臥平衡姿勢，雙手向前移動使腿與地板平行，球則置中在臀部底下。手臂打直，雙手略比肩寬而手指朝前。肩胛骨向下拉脊椎拉長。

**動作**

吸氣預備，吐氣時動員腹橫肌，手肘彎曲使上身朝地面下降，頭部維持與脊椎對齊。保持重心向前，慢慢地拉直手肘回到開始位置，並注意維持自然呼吸。

**要訣**

- 過程中保持正位。
- 用雙手向下推避免肩膀下陷。
- 肩膀放鬆。
- 彎曲時檢查手肘仍然保持在手腕上方。
- 避免手肘彎曲小於 **90** 度。
- 手肘伸直時手肘不要鎖死。
- 保持頭部與脊椎對齊。

【**注意**】假如穩定肌虛弱脊椎會下沉而拖累背部，那麼，這個運動應該暫緩直到適當的肌力恢復。

**進階動作**

雙手更往前移讓球滾到大腿。用這種方式將槓桿拉長增加主要動作肌和穩定肌的負荷。

## 8-76 抗力球蹲

# 第二階段：站姿運動

### 抗力球蹲

強化臀大肌、膕膀肌、與股四頭肌以便矯正姿勢並增加腰骨盆穩定。

#### 預備

以正確直立姿勢以靠牆站立，球放在下背部和牆中間。雙腳向前 **1** ～ **2** 步，並分開與臀同寬。雙手叉腰或放鬆置於身體兩側，並且向後躺在球上保持脊椎對齊。

#### 動作

吸氣預備，吐氣時動員腹橫肌，並緩緩向下蹲，當球在背後向上滾時脊椎抬高。

臀肌縮緊並慢慢拉回直立姿勢，膝蓋打直，並注意維持自然呼吸。

#### 要訣

· 過程中保持直立姿勢。
· 避免膝蓋彎曲小於 **90** 度。
· 尾骨朝地板直直落下。
· 彎曲時膝蓋順著腳尖上方移動。
· 腳跟向下壓將身體挺直。
· 膝蓋打直避免固定。
· 保持上身抬高。
· 靠在球體上。

#### 進階動作

延長蹲在最低點的時間，並仍維持身體打齊。

# Chapter 9 心肺運動好處多

## 心肺訓練的好處

如果媽咪們能做些規律的心肺運動，並且維持適當的頻率、強度、時間長度及運動類型，對產後的恢復非常有幫助。

因為血液循環增加，可促進血液流過曲張的靜脈，幫助身體改善水腫，重新吸收因懷孕滯留在體內的多餘水分。而心肺訓練增強心臟及肺部血氧運輸、改善身體利用氧氣的效率，增加雙腿肌耐力的好處，可讓產後女性更輕鬆完成日常工作。此外，還有助減去懷孕時增加的體重；透過腎上腺素的分泌，還能減輕新手媽媽常有的壓力和焦慮。

## 懷孕與分娩的影響

### 關節與鬆弛素

女性生產之後，鬆弛素會持續影響關節穩定度，也左右了運動選擇。如果產後選擇親自哺乳，鬆弛素的影響會持續更久。建議產後的媽咪從事低衝擊運動時，注意關節的正列也非常重要。

像是骨盆動作過大（尤其是身體承受重量時），可能會讓骶髂關節和恥骨聯合承受莫大的壓力，造成身體的狀況惡化，或造成新的問題。骨盆擴張造成膝蓋交角的角度增加，因此會影響膝蓋的正列與功能。踏步或騎車的重複性動作會讓膝蓋特別容易偏位或受傷，此類運動的時間應該要衡量日常照顧寶寶時屈膝次數多寡來決定。循環運動、有氧運動、在不平的地面上健走、慢跑會讓身體快速橫向擺動並急速轉換方向，有害腳踝穩定度。

媽咪們必須隨時保持正確的姿勢和運動技巧，也要衡量運動的時間。

### 姿勢改變

我必須說的是，懷孕造成的肌肉骨骼的變化會持續到產後，也會影響到媽咪們可做的運動。

### 骨盆底

高衝擊運動會讓骨盆底承受很大壓力，骨盆底肌肉失能的產後女性，禁止從事高衝擊運動。在開始高衝擊運動之前，要先處理用力方式是否錯誤、時機不對、缺乏耐力與肌力等重要問題。從事高衝擊運動時，若骨盆器官的韌帶支撐力減少，由其他肌肉來替代時，會增加子宮下垂的風險，就算因此這樣瘦下來也不值得！

使用坐式運動器材時，也要考慮姿勢與骨盆底肌肉的舒適度。腹橫肌、骨盆底肌肉是局部穩定肌的重要角色，但頹坐式的坐姿（例如斜躺車）會讓局部穩定性肌群停止運作，增加下壓在骨盆底的壓力。若有會陰不太舒服，也別使用坐式運動器材。

### 腹部

產後媽媽因腹部肌肉組織鬆弛無力，因此脊椎會較不穩定。在全身運動之前，要先啟動局部穩定肌群以穩固身體軀幹，由腹斜肌來協助肢幹動作。腰薦骨盆不夠穩固，就會需要整體肌肉立即提供支撐，如此會助長錯誤的肌肉運用。在開始全身性運動前，必須重新訓練如何正確動員穩定性肌肉。

### 胸部

尚在哺乳的媽媽並不適合高衝擊運動。若胸部感覺很重，即使是低衝擊性運動也不適合，因為動作過大可能會造成溢奶。肩膀動作（尤其是內收動作）可能要縮小，推擠到胸部的動作也需要調整。快走時擺動的雙臂也可能造成胸部不適。划船機、橢圓機主要運動到的是上半身，且動作重複，會刺激乳汁分泌。

中等強度的心肺運動不會影響母乳的質量。媽媽必須穿著合身的胸罩，哺乳胸罩無法替豐滿、晃動的乳房提供足夠的支撐，必須穿戴一件或甚至兩件品質優良的運動胸罩。

### 減重

對部分媽咪們來說，瘦身可能是當務之急，通常也是從事心肺運動的主要原因。簡單來說，減重就是每天消耗的熱量要多過攝取的熱量，所以任何強度的運動都有幫助。不過，從事有點挑戰性、但不會讓人不舒服的運動，不只更安全，運動時間也能持續更久，燃燒更多熱量。

建議從事低等至中等強度的運動（**RPE 4 ～ 6**，請參見附錄中的「運動自覺量表」），維持 **20 ～ 30** 分鐘。哺乳需要額外熱量，若運動過度造成消耗的熱量持續超過攝取的熱量，會影響乳汁產量。

## 實際實行的重要細節

### 什麼樣的心肺運動頻率才合適？

產後前幾週很難特別排出時間運動，因此要每天找段時間動一動，讓身體更活躍。每天帶著寶寶散步是溫和而規律的運動，也是很好的開始，生活有序的媽媽也能輕易將運動融入新生活。如果可以規律散步，只要每天走 **10** 分鐘即可。

如果運動頻率較低，運動時間就要更長才能達成同樣效果。孕前身材健美的媽媽可能會急著想立刻回到到孕前的健身模式，不顧一切想恢復以往身材。我不建議這麼做，因為懷孕和生產對身體的影響遠比想像得大，產後前幾週努力過頭，會阻礙身體恢復。心肺運動以 1 週 3 次最佳，但不可超過 5 次。

運動太過頻繁的風險，可能大過好處。對新手媽媽來說，休息非常重要，就像每天都要運動一樣，每天也都應該安排一段讓自己放鬆的時間。

## 建議的運動強度？

高強度／短時間和低強度／長時間的運動都能達到同樣效果，但後者更適合產後女性。在產後前幾週，我們建議產婦從事溫和～中等強度的運動，隨著體力增加再進階至中等強度的運動。建議 RPE 4 ～ 6 的運動。

## 運動時間該維持多久？

從 10 分鐘的心肺運動開始（不包括暖身與恢復運動），每週運動數次，應該就足以小有收穫。運動次數少，運動時間就要更長。運動強度維持在中等，時間可以慢慢從 10 分鐘拉長至 20 分鐘、30 分鐘。

在運動過程中加入低強度的運動來緩衝，能夠避免身體太過吃力。另一點要考慮的是局部肌肉的肌耐力，肌肉疲勞時會導致運動時間被迫縮短。運動時間過長也會增加關節和骨盆底受傷的風險。

## 心肺運動的種類

心肺運動有很多種，有些運動更適合產後女性。以 1 週 3 次運動來說，最理想的方式是做三種不同的運動，例如：和寶寶輕鬆散步、游泳、騎車。產後女性應該一次先從一種運動做起，有狀況時才能更容易找出原因。

## 步態

步態和肢幹移動的模式有關，從緩慢步行到快跑都算。步態牽涉到下半身的三大主要關節（腳踝、膝蓋、臀部）與骨盆、脊椎、上肢的合作。

懷孕改變了關節穩定度、正列、腰薦骨盆穩定度、生物力學，對步態有頗大影響。建議在開始步行或慢跑之前，應先考慮下列表 9-1 的重點。

| 表 9-1 | 開始步行或慢跑計畫前必須考慮的重點 |
| --- | --- |
| | 重點 |
| 腳 | 媽咪們如果有足弓下垂、八字腳、腳踝外翻（內轉）的狀況，會降低腳踝的穩定性，也因為足部動作改變、無法妥善吸收地面作用力。雙腳正列出現問題也會減少大腳趾的支撐力，這種支撐力對小腿肌肉的有效運作不可或缺。這點在產後特別重要，因為小腿肌肉可幫助減少水腫，協助血液流過曲張的靜脈。腳踝足背屈不夠柔軟時，可能造成腳掌踏地時無法順利滾動。透過雙腳來分散地面作用力，對身體上方的關節安全相當關鍵，所以正確的踏步動作很重要。腳踝關節外翻會讓骶髂關節鬆開，降低骨盆穩定性 |
| 腿 | 重心向前會增加小腿的活動，更容易抽筋。小腿肌肉緊繃，加上脛前肌無力，會減少腳踝足背屈的彈性。 |
| 大腿 | 體重增加、韌帶支撐減少，膝蓋交角的改變會影響膝蓋的穩定。因大腿角度改變造成外側廣肌與內側廣肌的肌肉失衡，股四頭肌群的力量減少，恐會破壞膝蓋關節的穩定。深層外轉肌緊繃的拉力造成股骨頭錯位至髖臼前方，會影響關節動作與雙腿的正列。 |
| 骨盆 | 髂腰肌縮短、臀大肌無力造成的肌肉失衡會造成步幅縮短，增加身體前傾的可能性。臀中肌與腹外斜肌無力，骨盆會較不穩定，增加橫向擺動的幅度，使得恥骨聯合和骶髂關節更容易受傷。胸腰筋膜緊繃和胸闊移動能力減少，導致身軀轉動時重心會轉移，脊椎活動不順暢。 |

## 心肺運動準則

・花點時間活動所有關節，確定關節放鬆。

・選擇適合器材時，考慮調整姿勢與個人舒適度。

・在不同器材加速脈搏跳動，改變關節與肌肉動作

・動態拉筋勝過靜態拉筋。

・盡可能變換使用器材的方式。

・全程維持正確的脊椎姿勢以及運動技巧。

・確定緩和運動有足夠時間恢復呼吸與心跳速度。

・保留足夠時間來伸展所有運動過的肌肉，以及受到姿勢改變影響的肌肉。

・伸展是為了維持肌肉長度，而非增加身體的柔軟度。

## 心肺運動

### 推嬰兒車運動法

這種極佳的運動可以輕鬆融入育兒的新生活。在公園輕鬆散步不需特別的運動器材，只要一台穩固的推車，隨時都可運動。不過，媽咪們除了姿勢和步態，也要考慮到使用的推車是否適合，如果新手媽媽想利用推車運動，請考慮下列幾點：

・穩定性：輕巧的推車或許有很多用途，可是一離開道路就會不平穩。如果局部穩定性肌群不夠強壯，就需要整體穩定性肌群提供額外支撐，造成肌肉過度動員。如果推車座椅下沒有置物袋，包包就得掛在推車把手，不僅會影響推車的穩定性，也會造成媽媽姿勢不正確。

・把手高度：若把手太低，媽媽身體需要往前傾，會造成駝背。若把手太高，媽媽需要聳肩，會造成手腕姿勢扭曲。

・把手類型：由上往下握的橫式把手會讓上臂扭轉，更容易造成駝背，有兩個彎曲把手的推車可讓上臂處於更適當的位置。

・後輪框架：若兩個後輪之間有橫槓，推行時很容易踢到，因此影響步幅。為了加大步幅，媽媽自然而然地會走到推車旁邊，只用一隻手推嬰兒車，或在推車時臀部以上的身體往前彎，上半身前傾。這兩種方式都不適合。只用一隻手會讓手腕和手肘承受壓力，增加肌腱炎的風險；臀部往後翹是不正確的姿勢，也減少局部穩定肌肉的支持，包包掛在手把上也會出現這種姿勢。

**重點提醒**

・維持正確姿勢，走路抬頭挺胸。

・走路時腳跟先著地，腳掌從腳跟往前滾動，至腳趾觸地。

・以大腳趾推地來提起足弓。

・以腳跟往後推，讓身體向前，利用臀部的力量。

・兩個膝蓋保持正列，避免內翻。

・臀部保持水平，避免左右傾斜。

・放鬆手肘，自然垂在身體兩側。

・肩胛骨放下，打開胸口。

・以放鬆的手勢握住推車把手，最好是握著推車把手的兩邊。

推嬰兒車上坡時，媽媽們經常會身體前傾、低頭、手臂伸直，這就代表臀大肌需要加強。彎腰駝背的姿勢會讓局部穩定肌肉停止運作，增加骨盆底承受的壓力。走路時應該抬頭挺胸，臀部靠近手把，用臀部力量往前推。上下坡時要避免臀部左右扭動，應多做運動加強臀中肌。

### 無嬰兒車散步法

不帶寶寶散步是更有效率的運動方式，因為可以運用上半身，也能保持正確姿勢。如果胸部的重量讓上半身前傾，就必須保持正確的脊椎正列。不過，過度矯正、後仰的姿勢也會讓腰椎承受更大壓力。當步伐加快，身體重量左右搖晃時，骨盆動作可能過大，骨盆帶有問題應避免。

到戶外健走可享受新鮮的空氣，也能適當冷卻身體，曬曬太陽能夠補充吸收鈣質所需的維他命 D。不同的地形能提供不同的運動強度，不過也可能增加關節正列不正確的風險。遵守正確的運動技巧很重要，尤其在速度增加、骨盆動作加大時更是如此。下列重點也適用於跑步機和戶外健走。

**重點提醒**

· 步伐以大、舒服為原則。
· 放鬆肩膀，打開胸口。
· 讓雙臂自然擺動。

**【注意】**若有骨盆帶疼痛的問題，必須停止這項運動，改採其他運動方式。

### 北歐式健走

若有合格指導員指引，對產後女性來說，使用手杖的北歐式健走是非常棒的低衝擊且全身性運動。

正確使用手杖可以幫助身體保持直立姿勢，加強腳掌的滾動動作。步幅逐漸加大時，骨盆的前方打開，加強臀大肌的啟動。手杖提供的額外支撐讓步伐有彈力，也讓身體從臀部舉起，可以減少起步時身體橫向擺動，加強臀中肌啟動。

手杖往後推時，手臂的動作有助拉長緊繃的胸部，使闊背肌更強壯。假使腰薦骨盆的穩定性夠，手臂動作的額外好處是可以促進身體軀幹扭轉，增加胸椎活動度，運用腹斜肌來穩定軀幹。胸部必須獲得良好支撐，減少晃動，且運動前應先哺乳。

正確的運動技巧有助釋放頸部與肩膀的壓力，不過仍須密切觀察，避免情況惡化。在整個運動過程中，肩膀應該放鬆，頭部直立。在不平的地形上行走有助加強平衡感、穩定度以及骨質密度。

### 慢跑

慢跑會增加關節、胸部、骨盆底肌肉承受的壓力。經驗不足的跑者慢跑時，重心會提高（會像彈跳）、足部動作不佳，增加身體負擔，再加上腰薦骨盆不夠穩定，這也是新手為何不該太快開始慢跑。有經驗的跑者可展現良好技術、將垂直移動的動作減到最少，只要恢復腰薦骨盆穩定度就可重新開始慢跑。開始的時間點因人而異。

為了減少戶外慢跑的衝擊，應選擇柔軟的地面，避免在水泥地或柏油路上慢跑。維持較小步幅，避免腳跟踏地時承受太大壓力。不過，不同的地形可以讓整體穩定肌群出更大的力氣來維持平衡，也會讓膝蓋和腳踝更容易受傷。

若臀中肌無法提供足夠支撐，使用附跑帶的

跑步機可能會造成身體橫向擺動。

**重點提醒**

．穿戴可提供足夠支撐的胸罩，以減少胸部彈跳。

．選擇適合的鞋子，最好可以吸收腳跟衝擊力、支持腳踝關節的慢跑鞋。

．維持良好姿勢。

．調整步幅至舒適的程度。

．腳跟踏地時應在膝蓋正下方。

．腳跟先著地然後滾動腳掌至腳趾貼地。

．用腳趾力道推地，提起足弓。

．保持膝蓋正列，避免內翻。

．放鬆肩膀，打開胸口。

．彎曲手肘，讓手肘貼近身體。

．手臂可稍微前後擺動

**跑上坡**

．縮短步伐，讓重心在前腳。

．臀部以上稍微前傾。

**跑下坡**

．腳步不要超過身體。

．稍微前傾，避免後仰

．將骨盆的橫向移動降到最小。

### 推嬰兒車慢跑

這種運動很不適當，對媽媽和寶寶都非常危險。除了會改變步態的生物力學外，推車還會扭曲跑步姿勢和步態。速度加快、步幅拉大、為了拉大步幅而只用一隻手推車時，推車散步的四個重點更加重要。推車慢跑會影響到手腕、前臂、肩膀、脊椎，造成步態扭轉，特別是胸椎，使得肌肉失衡的情況更嚴重。

推車沒有足夠避震，寶寶得承受地形起伏的顛簸震動，如果不是在道路上慢跑，還會遇到樹根或掉落的樹枝，情況更危險。因為慢跑推車沒有頭部支撐，大多數的製造商會建議 **6** 個月以上的寶寶才能乘坐，媽媽們應該要正視這項警告。

### 心肺運動時的呼吸調節

新手跑者經常遇到呼吸問題，像是屏住呼吸或太專注於呼吸，或是不確定何時該換氣。這些問題顯然會影響運動表現。橫隔膜有兩項功能，不只幫助呼吸，也幫助支撐脊椎的四個深層穩定肌。跑步時，雙腳踏地的力量會破壞身體的穩定，使得局部穩定肌必須做出回應，來維持平衡感與提供支撐力。未經訓練的肌肉無法長時間同時維持呼吸和穩定，而且會累得更快。呼吸時使用的肌肉群疲乏，會破壞腰薦骨盆的穩定度，增加受傷風險。

## 節奏呼吸法

這種呼吸技巧值得推薦，方法簡單，但需要一些練習，因為要和主要著地的腳同步，例如右腳踏地時吸氣，再次踏地時吐氣。更熟練之後，可以更進一步，在更細微的時間點呼吸（例如腳跟踏地或腳尖離地時呼吸），來調整自己的呼吸節奏。

### 騎腳踏車

雖然媽咪們騎腳踏車時身體重量有得支撐，對胸部和骨盆底不會造成衝擊，但還是有幾個重點需要考慮。直立式健身車的座墊可能無法為變寬的坐骨提供支撐，座墊的尖端會讓發疼的會陰和恥骨聯合更痛。前傾的姿勢也會讓駝背情況更嚴重。

斜躺車騎起來更舒服，不過，這項器材就和它的名字一樣，鼓勵使用者斜躺，會影響腹橫肌和骨盆底肌肉的啟動。在背後放個墊子或許可以改善脊椎姿勢，但這樣又會影響關節角度與動作，會較不舒適。因為以上種種原因，建議還是不要騎太久。

座位的位置很重要，可避免骨盆和膝蓋承受的壓力。座位太前面會對讓膝蓋承受過大壓力；座位太後面，骨盆必須左右搖晃才能讓膝蓋充分延展。舒服的座位位置要能讓膝蓋延伸，不會鎖死，而骨盆可以維持穩定。斜躺車的姿勢讓雙腳抬高，對改善血液循環和靜脈回流特別有益。不過，股四頭肌和膕旁肌（大腿後側肌肉）的肌耐力很重要。局部肌肉疲乏會限制運動時間。

**重點提醒**

· 維持正確的中立姿勢，坐著時抬頭挺胸。
· 維持膝蓋正列，避免內翻。
· 骨盆全程保持穩定。
· 放鬆肩膀，打開胸部。
· 如果臀部會左右移動，就代表座位的位置不對。

**【注意】**若骨盆或膝蓋感覺疼痛，應立即停止運動。

### 划船機

室內划船運動是需要高度協調並接受訓練的運動。划船機同時運動上半身跟下半身，需要有高階的運動技巧才能有效且安全使用。划船機只適合產前已有使用經驗，且腰薦骨盆穩定性已經恢復的人。不過，即使如此，划船的動作順序還是需要重新訓練。

使用划船機時後仰角度可能太大，不適合沒有經驗的使用者，媽媽豐滿的胸部會讓關節活動角度變小。力氣不夠、沒有活動的穩定肌群，無法替脊椎提供足夠的支撐，必須動員腹直肌，可能會造成腹凸。即使是有經驗的使用者也不該太快使用划船機。

**【注意】**由於隆起的肚子會大幅減少關節活動度，懷孕女性不太可能使用划船機。

**重點提醒**

· 維持正確的中立姿勢，坐時抬頭挺胸。

· 維持膝蓋正列，避免內翻。
· 肩胛骨放鬆，打開胸口。
· 避免手肘或膝蓋鎖死。
· 手臂貼近身體。
· 背部挺直，不要後傾。
· 把手收回時背不要往前倒。

**【注意】**腰薦骨盤不夠穩固時，後仰可能導致腹凸或背痛。不要讓膝蓋過度延展。

### 踏步機

踏步機是可承受全身重量、中度衝擊的運動，需要骨盆大動作移動。有效的運動需要動作做到最大，但每次往下踏，骨盆左右搖擺時，骶髂關節和恥骨聯合可能會承受過大壓力。腳步踏得淺一點可以縮小活動範圍，也會減少橫向搖擺，但很難維持太久，而且還是可能刺激鬆弛的骶髂關節。

沉重的胸部可能讓身體往前傾，所以必須握住把手，保持挺立的正確姿勢。由手把提供支撐會減少運動效果，但或許可以讓肌肉休息一下。步調維持中等，加速會讓膝蓋沒有足夠時間伸展，讓關節鎖死。運動能持續多久，決定在局部肌肉疲乏的程度。

**重點提醒**

· 維持正確的中立姿勢，站著要抬頭挺胸。
· 避免膝蓋鎖死。
· 保持膝蓋正列，避免內翻。
· 放鬆肩膀，打開胸口。
· 背部提高稍微往前傾，必要時握住手把。
· 頭和身體呈一直線，不要低頭看腳。

**【注意】**不要讓膝蓋關節鎖死，避免骨盆動作過大

### 橢圓機

使用橢圓機時雙腳移動的軌跡是橢圓的，骨盆承受的壓力較少，因此需要注意的重點也比踏步機少了許多。使用有手把的橢圓機必須協調運用上半身與下半身，比起沒手把的橢圓機，對心肺功能有更大的助益。

不過，使用橢圓機需要良好的腰薦骨盆穩定性，避免骨盆過度旋轉。因此，在腰薦骨盤穩定之前，先不要運動到上半身。少了把手的支撐，額外好處是可改善平衡感。產後女性不適合可橫向移動的腳踏板。

**重點提醒（包含踏步機的重點提醒）**

· 輕握手把，握住的高度和手肘同高。
· 步幅順暢、自然。
· 讓軀幹流暢內轉。
· 手肘盡量靠近身體。
· 放鬆肩胛骨，讓手臂能輕輕前後擺動。
· 增加上半身運動時，要加入中間休息時間。

**游泳**

這是種很棒的運動，惡露排完後就能立刻開始。水的浮力可以減輕關節和骨盆底承受的壓力，也能減輕胸部的重量。此外，游泳還有讓人放鬆的效果，如果水溫不會太冷，游泳非常能夠讓人放鬆心情。

蛙式是最輕鬆的姿勢，不過如果頭抬得離水面太高，脊椎可能會過度伸展。蛙式不適合骨盆帶疼痛的媽媽，雙腿大角度開合會讓骨盆帶更痛。自由式和仰式則需要強而有力的雙臂運動，會刺激乳汁分泌。高難度、需要大動作的蝶式，只限於經驗豐富、身材健美的泳者。

## 本章重點掃描

．頻率、強度、時間、種類適當、規律的心肺運動有益於產後恢復並達到減重效果。

．建議從事低衝擊運動，正確的關節正列很重要。

．高衝擊運動會讓關節、骨盆底、胸部承受的壓力變大。

．關節穩定度減少，受傷機率就增加。

．改善腰薦骨盆穩定度，在心肺運動時維持掌控很重要。

．協調手臂和腳的動作，需要更強的腹部穩定度。

．必須穿戴適合的運動胸罩替胸部提供良好支撐。

．強而有力的手臂動作可能會造成溢乳

．運動前請先哺乳或將乳汁擠出。

．中等強度的訓練加上適當補充水分不會影響母乳的質量。

．運動次數應增加至 **1** 週 **3** 次，但不宜超過 **5** 次。

．產後前幾週應從事溫和至中等強度的運動，隨著體力增加時再進階至中等強度運動。

．建議 **RPE** 為 **4** ～ **6**。

．運動時間依運動強度而定，可從 **10** 分鐘開始逐漸增加至 **20** ～ **30** 分鐘。

．可以把帶著寶寶輕鬆散步加入每天行程。

．戶外散步有益幫助吸收鈣質。

．重複性的關節運動可能會增加不適。

．健走或慢跑計畫前應先評估步態改變。

．正確的跑步方式很重要，可以減少受傷的風險。

．推著嬰兒車跑步並不適當，而且不安全。

．頹坐的姿勢會讓局部穩定肌群停止運作。

．只要器材允許，身體就應保持直挺。

．划船機只適合有經驗且腰薦骨盆穩定性已恢復的使用者。

．橢圓機的橢圓動作比踏步更好。

．游泳是很棒的心肺運動。

．呼吸時使用的肌肉群疲乏會破壞腰薦骨盆的穩定性。

# Chapter 10 增加肌力的阻力訓練

## 阻力訓練的好處

對產後的媽咪們來說，增加肌肉力量和肌耐力（尤其是上半身）是非常必要的。抱起小孩或抱著小孩四處活動、攜帶嬰兒用品，這些都需要力氣，也代表媽媽需要培養上半身的肌力，使用阻力訓練器材可以更有效達到這點。

以姿勢肌（尤其是經過孕期失去穩定度的肌肉）、以及抱寶寶需要的主要肌肉為訓練目標，對減少日常生活負擔、支撐無力的身體結構極有幫助。除了可增加骨質密度，對骨骼負擔有益外，阻力訓練可以減緩哺乳期間骨質流失的速度，阻力訓練增加的肌肉也能提高熱量消耗，有助減重。

## 懷孕與分娩的影響

### 關節與鬆弛素

關節強度是重量訓練中很重要的問題，引介重訓給產後女性時必須謹慎，避免受傷。正確的姿勢和運動技巧很重要，也要選擇低風險運動。骨盆（尤其骶髂關節和恥骨聯合）需要特別注意。運動時也要小心連結骨盆的整體肌肉群（例如臀肌、膕旁肌腱、內收肌、髖屈肌），因為關節穩定度降低、正列改變等問題只有身體在承擔重量時才會浮現。

曾有骨盆帶疼痛的婦女要極度謹慎，除非症狀已經完全解決。持續受到骨盆帶疼痛影響的婦女不應使用自由重量器材。

### 腰薦骨盆的穩定度

腰薦骨盆穩定度降低會影響所有運動，但若要加上外在阻力，腰薦骨盆的穩定度更為關鍵。因此，教練在訓練產後女性時，必須已完全了解 **Chapter 2** 的內容。雖然教練能夠選擇適當的訓練器材，但腰薦骨盆穩定度降低的確會影響正列姿勢。深層穩定肌群體啟動過慢，會破壞動作完整度，增加受傷風險。

正確的呼吸技巧、重新訓練大腦啟動深層穩定肌群，是運動前必須先建立好的重要習慣，不管是坐著或站著，都要盡量鼓勵身體挺直，因為身體挺直能夠喚醒局部穩定肌群。只要開始運動，整體穩定肌群（腹直肌／腹外斜肌／臀大肌）就會啟動，提供支持，不過也要考慮到產後這些肌肉的肌力會減弱。阻力越大，這些肌肉就要更用力來維持支撐力。因此訓練進度應該要以穩定肌而非主動肌為指標。

高過頭部的運動（例如：滑輪下拉）特別需

要老師在旁仔細觀察，確保學生保持正確正列，讓重量稍微往前，而非直接在頭頂上方可降低風險。

## 腹部

坐入或離開器材時，必須要考慮到鬆弛無力的腹部肌肉組織，很容易在轉換姿勢的過程中承受壓力。若產婦在坐入器材時有腹凸的問題，就該避免需要躺著運動的器材（例如臥推）。腳踩地／踩重訓椅，脊椎貼地的姿勢比臥推更安全，即使無法維持正列，安全的錯誤容許度也較大。拿著舉重器材進入仰臥姿勢或離開仰臥姿勢，既不適當且不安全。

在腹直肌縮短、身體回到正列之前，嚴禁以仰臥阻力運動訓練腹直肌和腹斜肌，即使腹直肌已恢復，這類運動的效果仍有疑慮。

## 骨盆底肌肉

骨盆底肌肉在懷孕期間被拉長、變得無力，在自然產的產程中可能又承受更多壓力。骨盆底肌肉是局部穩定肌群的一部分，負責穩定腰薦骨盆，也因此承受最大風險。沒有局部穩定肌群的支撐就舉重物，會使得骨盆底肌肉無法抵抗腹腔力壓力增加，承受的壓力更大。

### 阻力訓練與骨盆底肌肉失能

奧德懷爾的研究顯示，會導致骨盆底肌肉負擔增加的運動，完全不適合骨盆底肌肉失能的女性。就這點而言，若五成以上的產後女性都有某種程度的骨盆器官脫垂問題，老師應該懷疑產後女性在這個階段究竟適不適合做阻力運動！

為了提供足夠穩定性，腹直肌和外斜肌過度動員，對骨盆底肌肉的影響就和屏住呼吸、使用伐式操作一樣。失去局部穩定肌群支持最明顯的特徵，那就是腹部會突出，代表骨盆底肌肉也會被往下壓，這一定要仔細觀察。

## 胸部

哺乳造成的荷爾蒙改變會使得關節持續鬆弛，減少肌力。哺乳也會使得可用的器材選擇減少：要選擇適合的運動，就得考量到變大的乳房與及舒適度，因為乳房遭到擠壓或撞到時會很敏感。

闊胸蝴蝶肌、任何俯臥的運動以及使用胸部保護墊的器材（屈臂彎舉、坐姿划船）也是如此。不可為了舒服，犧牲身體位置與關節正列，俯臥姿勢尤其如此，為了減少胸部壓力，而把雙手放在胸部下會造成腰椎前凸。前傾姿勢（例如四點跪姿）會讓沉重的胸部承受額外拉力，造成不適。

自由重量器材的使用必須經過適當的調整，關節活動角度以舒適為原則，例如將肱二頭肌彎舉改成啞鈴直式彎舉，避免笨重的啞鈴碰撞到胸部。若手臂運動過度，要小心溢乳。身體的各個部位應該輪流運動，並密切注意重複的動作。

### 前臂、手腕及手部疼痛

若前臂、手腕、手部疼痛，會影響阻力訓練，也要避免從事訓練上半身的運動。有這些問題的產後女性應該考慮以下幾點：

・舉重運動（三頭肌後屈伸、單手划船、伏地挺身）支撐身體的手腕彎曲可能會導致大拇指、食指、中指刺痛麻木。

・不管任何姿勢，只要手腕／前臂正列姿勢不正確都可能造成不適。使用阻力帶的運動需要特別密切觀察。

・用阻力帶纏住手指會阻礙血液流通。

・握力可能受到影響。

・為了握住重量器材，拇指內收時可能會產生疼痛。

隨時保持正確的手腕姿勢，避免握得過緊。手部抬高會比較不容易刺麻。

## 考量重點

### 肌力或肌耐力？

除非關節與腰薦骨盆已經穩定，否則應避免肌力訓練。疲勞訓練（運動到力氣用盡為止）會傷害關節和穩定肌群，甚至還會危害脊椎安全。建議使用高反覆與低阻力的練習。

### 伐式操作是什麼？

肌力訓練需要額外的軀體支持，讓身體發揮最大力量時會利用到伐式操作。咳嗽、在馬桶上用力時也會運用到這種力量：屏住呼吸，讓空氣出不去，增加胸腔內壓力。

耐力訓練也會用到伐式操作，在阻力稍微過大，無法撐完最後一組反覆時。憋氣、肌肉用力時，血壓和腹腔內壓力上升，壓力會施加在腹部和骨盆底上。為每個人選擇適當組數和反覆數很重要。訓練過度，身體疲勞時更容易憋氣運動。

### 閉鎖與開放鏈式運動

閉鎖與開放鏈指的是一連串關節連接不同骨頭所形成的身體連結系統。

閉鎖鏈式運動指的是運動的肢體或其肢體固定在外在阻力上，例如地板或固定式的器材，讓關節的活動方式已固定。閉鎖鏈式運動需要同時活動多個關節和肌肉，日常生活中身體大多也是如此運動。

對產後女性來説，閉鎖鏈式運動比開放鏈式運動更適合，因為透過關節施加的壓縮力有助於穩定性。閉鎖鏈式運動有助加強本體感覺，可以透過運動槓桿的穩定度獲得反應。舉例來說：固定的阻力器材、核心床、部分使用阻力帶的運動（將阻力帶固定在腳下，坐著、站著或伏地挺身）。

開放鏈式運動指的是運動的肢體沒有連接任何器材，可以朝任何方向自由移動。可針對特定肌肉訓練，對復健來說很有幫助。然而，肌肉槓桿尾端承受的重量增加，會增加關節受傷的風險。腿後勾、腿部伸展等開放鏈式運動會讓膝蓋特別容易受傷。使用自由重量器材的阻力訓練多屬於開放鏈式運動，媽媽們還是必須謹慎並加以觀察，減少受傷風險。

## 自由重量與固定阻力器材

固定式阻力器材無法完全複製關節運動，且有些姿勢對產後女性來說不太舒服。有些較老舊的器材無法調整活動度，增加過度伸展的風險（如肩膀與腰椎）。此外，即使是最輕的阻力，對某些女性來說還是過重。

不過，固定阻力器材的確能穩固身體姿勢，且大多數的運動屬於閉鎖鏈式運動。先前提到的固定活動度或許是項優點，可避免關節過度伸展，不過大多數的器材都有運動幅度調節器。固定阻力器材需要的技巧較少，只要有完整的引導介紹，即使沒有經驗的人也很適合。

自由重量器材、運動棒、重量球、阻力帶都很有幫助，可以複製身體多個姿勢的關節動作。不過，使用這些器材需要很好的腰薦骨盆穩定性來支撐脊椎，而且大多是開放鏈式運動。阻力越大，穩定肌群就更吃力，即使主動肌應付得來，到更困難的進階訓練時仍要考量穩定肌群。

建議腰薦骨盆穩定性恢復後先使用較輕的器材，重要的是必須密切觀察運動技巧。

## 壺鈴訓練

產後女性禁止使用這種器材。壺鈴訓練是動態、開放鏈式運動，產後女性關節不穩定、腰薦骨盆穩定度欠佳、可能還有骨盆底肌肉失能，還要擺動有重量的壺鈴，根本是場災難。應該等到關節和腰薦骨盆穩定度恢復、停止哺乳、以更適合的全身運動加強肌力後，才能開始使用壺鈴訓練。

## 振動訓練

振動訓練乍聽之下可能對產後女性相當理想。衝擊小、負荷少，宣稱有加強血液循環、增加肌肉運動、改善骨骼密度、降低血壓、減重等好處。不過，目前還沒有產後女性使用振動訓練的專門研究，因此必須小心謹慎。

訓練應由合格的振動訓練老師全程指導，根據個人需求調整訓練內容。不可讓產後女性自己使用器材。以下的骨骼結構變化，可能會因為振動訓練而惡化：

· 關節穩定度減少
· 正列姿勢不佳
· 腰薦骨盤穩定度降低

· 骨盤底肌肉壓力增加

尚在哺育母乳的媽媽不適合使用振動訓練！

## 姿勢選擇

部分固定阻力器材因為使用姿勢，並不適合產後女性。會用到胸部保護墊的所有坐姿運動（屈臂彎舉、坐姿划船）都會讓哺餵母乳的媽媽覺得很不舒服，先前討論過的俯臥姿勢也是。俯臥姿勢也不適合剖腹產的婦女，因為可能會引起傷口不適。仰臥姿勢或許可行，但在進入仰臥姿勢的過程中，腹部可能要承受壓力，增加腹直肌分離的機率。躺在地上運動時，一般建議先側臥再翻身面朝上躺著，可是在重訓椅上無法這麼做！許多利用外部阻力的運動（如阻力帶、自由重量器材）可以坐著或站著使用。

## 關節活動度

為了有效運動，關節應該要達到最大活動度，但要特別注意避免過度伸展，增加脆弱關節的受傷風險。所有坐式的固定阻力器材必須經過仔細調整，確定關節的活動角度在正確範圍內。部分健身房仍在使用的「臀部訓練機」因為設計不良，且經常使用不當，因此不適合產後女性！

## 訓練何時可以開始？

產後檢查沒問題後，即可開始重新訓練腰薦骨盆。無論有沒有經驗，必須先建立好局部穩定肌的啟動與協調能力，才能開始重量訓練。一開始可以先不拿用器材，單純練習動作，重新訓練大腦為不同的動作模式啟動局部穩定肌群，只要可以做到這點，四個深層穩定肌群能夠協調啟動後，可以逐漸增加重訓的重量。

有重量訓練經驗的媽媽，產後或許會立刻想回到健身房、重新恢復產前運動，對這些人來說，從入門階段重新開始可能頗為辛苦。

## 有經驗的媽媽建議使用怎樣的強度？

假設已遵守以上指示，有經驗的媽媽運動強度建議為產前的七成。運動強度可逐漸增加，過了幾週後即可回到產前水準，但在關節穩定度恢復前，應先將重心放在耐力訓練。

除了穩定肌群的負擔外，決定運動強度時也該考慮是否哺育母乳：建議採取中等強度的訓練、適當補充水分，維持母乳的質量。除非已經停止哺乳、關節穩定度恢復，否則不可重新開始疲勞訓練。

## 沒有經驗的新手媽媽呢？

同樣的，如果已遵循以上建議，重訓新手應該從最輕的器材開始。這種練習比先不拿器材的演練提供更好的反饋。主要運動的阻力，應該要讓人在最後一組反覆次數介於 **12 ～ 20** 的訓練時，讓肌肉微微感到疲累。要練習正確的呼吸技巧，避免運動時憋氣或伐式操作。關節的正列與運動技巧在這個階段絕對很重要。新手在進入和離開器材、使用自由重量器材、以及運動時，應該要有教練仔細指導。

## 目標肌肉群

適合訓練的肌肉群必須依照個人姿勢改變來做選擇，但主要目標是加強因為懷孕姿勢改變而鬆弛或無力的肌肉（例如：臀大肌、低斜方肌、臀部旋轉肌群）。應該適當時加入內縮運動。此外，也要考慮到用來支撐脆弱關節的肌肉（臀中肌／臀小肌、內側廣肌）以及用來舉、提重物的肌肉（例如：背闊肌、二頭肌、三頭肌、股四頭肌）。

## 應避免哪些運動？

由於恥骨聯合仍很脆弱、肌肉收縮時關節可能會承受壓力，開始內收肌運動前要小心。訓練外展肌的運動也可能引發恥骨聯合或骶髂關節的問題。若有骨盆帶疼痛，請參見第六章的運動指引。應避免會造成腹凸的運動和轉換姿勢的動作，直到身體恢復。

所有技巧不正確的運動也應立刻停止。啞鈴推舉和闊胸蝴蝶機運動適不適合，要以目標肌群與產後姿勢來決定：上斜方肌與胸肌或許已經很緊繃，尤其是肩膀已經拉開來的時候。胸部推舉是更適合的選擇。直立上提必須經過調整，來幫助舉、提的動作，關節活動角度也要變小，避免訓練上斜方肌。

## 阻力訓練注意事項

・為目標肌群選擇適合的運動。

・考慮姿勢和關節活動度

・先練習動作，注意力放在深層穩定肌群的動員。

・選擇適當的重量，在最後一次反覆時可以感受到微微的疲憊感。

・開始的姿勢要正確，保持良好正列姿勢與脊椎中立。

・在第一次反覆前，小心啟動腹橫肌和骨盆底肌群。

・一組運動反覆 **12 ～ 20** 次。

・嚴格遵守正確的運動技巧。

・慢慢地、控制力道，做完每次反覆。

・休息然後反覆，先休息約 **45** 秒後再做另一組運動，或是在之後的運動過程中休息片刻。

・輪流運動身體的每部分，做完上半身運動後做下半身運動，可避免過早疲憊。

### 重要資訊

呼吸的重點在吐氣和動員腹橫肌，確定局部穩定肌群團結運作。在第一次反覆時應該提醒這兩點，之後也該繼續鼓勵正常呼吸。不必一直提醒啟動腹橫肌，一旦開始腹橫肌被動員，接下來的運動過程就會繼續發揮功能。憋氣可能導致伐式操作，對腹部和骨盆肌肉施加壓力。

以下教學重點對所有使用固定阻力器材的運動都很重要：

- 全程維持正確的脊椎正列。
- 在第一次反覆前先動員腹直肌。
- 全程正常呼吸。
- 肩胛骨放鬆。
- 胸廓放鬆，維持脊椎正列。
- 身體拉長，離開坐骨。
- 正確的硬舉技巧很重要。

| 表 10-1 | 使用固定阻力器材的其他考量重點 |
| --- | --- |
| 運動 | 產後問題 |
| 胸部推舉 | ·腰薦骨盆穩定度　·手肘鎖死　·手腕／前臂正列　·進入仰臥姿勢 |
| 三頭肌下壓 | ·胸部（若使用高滑輪）　·腰薦骨盆穩定性　·手肘鎖死　·手腕／前臂正列 |
| 滑輪下拉 | ·恥骨聯合（跨坐重訓椅時）　·腰薦骨盆穩定度　·手腕／前臂正列　·背部過度伸展　·手肘鎖死<br>【**注意**】收回動作時肩胛骨放下；臀骨朝前。 |
| 坐姿划船 | ·骶髂關節（若是滑坐進位子）　·腰薦骨盆穩定度　·身體前彎　·背部過度伸展　·手肘鎖死<br>【**注意**】哺育母乳的媽媽可能不適合坐姿。 |
| 肱二頭肌彎舉 | ·胸部　·關節活動度　·手肘鎖死　·脊椎正列<br>·腰薦骨盆穩定度　·硬舉　·手肘鎖死<br>【**注意**】哺餵母乳的媽媽不適合屈臂彎舉。若低滑輪的桿子會影響關節活動度，可換成把手，一次運動一邊。 |
| 改良版直立上提 | ·腰薦骨盆穩定度　·關節活動度　·手肘鎖死　·脊椎正列<br>·硬舉<br>【**注意**】雙手間的寬度要夠寬。一開始先舉到下胸廓，上斜方肌啟動前停止。 |
| 腿部推蹬 | ·腰薦骨盆穩定度　·腹凸　·膝蓋正列　·膝蓋鎖死 |

| 表 10-1 | （承上頁）使用固定阻力器材的其他考量重點 |
|---|---|
| 運動 | 產後問題 |
| 腿部伸展 | ·進入姿勢 ·腹凸 ·膝蓋正列 ·膝蓋鎖死<br>·腰薦骨盆穩定度<br>【注意】避免擺盪雙腿。 |
| 腿後勾 | ·進入姿勢 ·腹凸 ·膝蓋正列 ·膝蓋鎖死<br>·腰薦骨盆穩定度<br>【注意】坐姿較適合；使用扣住腳踝的站姿低滑輪時，要注意背部；避免趴臥在重訓椅上做腿後勾。 |
| 外展肌推蹬 | ·進入姿勢 ·腰薦骨盆穩定度 ·背部過度伸展 ·關節活動度過大<br>·骨盆帶疼痛<br>【注意】兩腳一起運動。 |
| 內收肌推蹬 | ·進入姿勢 ·骨盆帶疼痛 ·腰薦骨盆穩定度 ·背部過度伸展<br>【注意】兩腿一起運動；確定關節活動度依個人需求調整。 |

## 使用可攜式阻力器材的運動

腰薦骨盆穩定度恢復後即可開始以下運動。為了增加變化，本書選用阻力帶與啞鈴兩種阻力器材，因為這兩種器材最容易取得，也很實用。有些運動兩種器材都可用，有些只能用一種器材。

### 阻力帶

#### 旋轉肌

加強後肩肌肉，將肱骨拉回正確位置。外旋對矯正駝背更有幫助。

**預備**

身體站直，雙腳與臀部同寬，脊椎保持中立。雙手將阻力帶抓在身體前方，與腰部同高，手掌向內，拇指朝上，手腕和前臂成一直線。阻力帶要拉直，但不需拉緊。手肘靠在腰部兩側，拉長肩膀，胸廓下放。

圖 10-1　旋轉肌

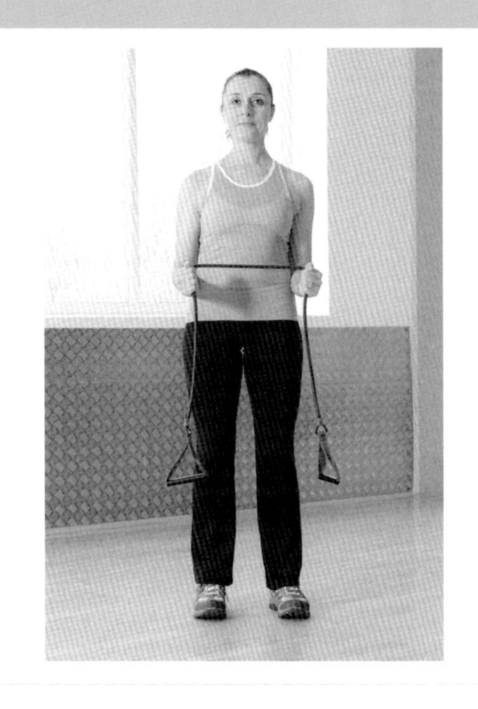

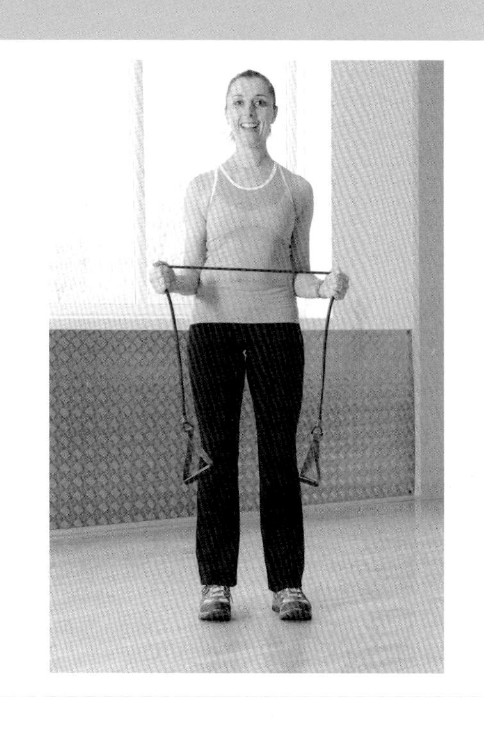

**動作**

先吸氣準備，吐氣時動員腹橫肌，肩膀往兩側張開，手肘緊貼腰部，將阻力帶往外拉。以力道控制放鬆，恢復原本姿勢。整個過程保持自然的呼吸節奏。

**要領**

・全程維持正確的正列姿勢，雙臂張開時不要後傾。

・利用腹部力量降下胸廓。

・雙臂張開時肩胛骨放鬆垂下。

・讓手腕和前臂呈一直線。

**進階動作**

若需加強運動的強度，可以使用阻力更強的阻力帶。

**【注意】**以阻力帶纏繞雙手會阻礙血液循環，應避免。

圖 10-2　斜方肌擠壓

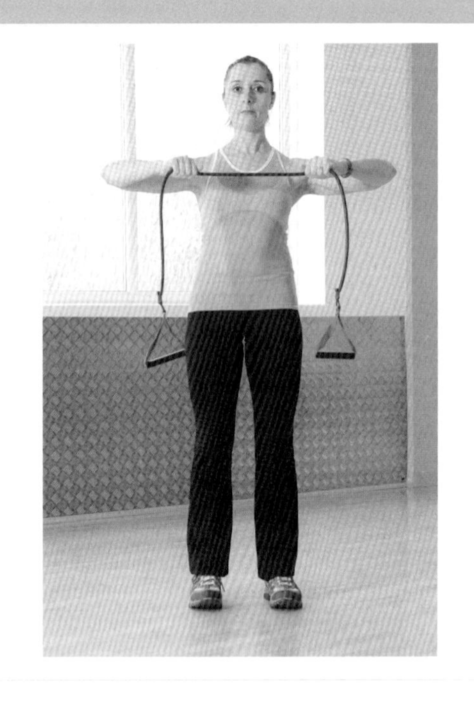

**斜方肌擠壓**

加強中斜方肌與菱形肌的內縮，減少肌力，改善姿勢。

**預備**

身體站直，雙腳與臀部同寬，將阻力帶握在身體前方，與胸部同高，舉起手肘，手腕與前臂呈一直線。肩膀拉開，胸廓下放。

**動作**

先吸氣準備，吐氣時動員腹橫肌，將阻力帶拉開。肩胛骨往下、往內收。以力量控制放鬆，回到原本姿勢。維持自然的呼吸節奏。

**要領**

- ·全程維持正確姿勢，手臂張開時請勿後傾。
- ·利用腹部力量降下胸廓。
- ·手腕和前臂呈一直線。
- ·手肘舉高。
- ·雙臂張開時垂下肩胛骨。

**進階練習**

可以先練習一次拉兩條阻力帶，增加阻力，之後可改用阻力更強的阻力帶。

圖 10-3　坐姿划船

## 坐姿划船

加強中斜方肌、背闊肌、二頭肌，協助矯正姿勢、增加抱小孩的力氣。

### 預備

屁股坐在瑜伽薄磚上，雙腳往前伸，膝蓋微彎。拉長脊椎，提起身體，離開坐骨，為了讓自己舒服一點，膝蓋可能要更彎。將阻力帶繞過兩腳腳掌，雙手抓住阻力帶的兩端，拇指朝上。手臂往前伸。放鬆肩胛骨、胸廓下放。

### 動作

吸氣準備，吐氣時動員腹橫肌，將手臂向後拉，以手肘帶領前臂，手肘彎曲緊貼身體。背部保持直挺。然後，回到開始的姿勢，上背部提高，維持自然的呼吸節奏。

### 要領

· 全程維持正確正列姿勢。
· 手臂拉回時避免拱背。
· 手臂向前，放鬆阻力帶時，身體避免前傾。
· 穩坐在坐骨上，避免往後晃。
· 使用腹部力量讓胸廓放下。
· 肩胛骨全程放下。
· 手腕和前臂呈一直線。
· 手肘貼近身體。
· 如果大腿後側會痛，膝蓋可以再彎一點。

### 進階練習

使用阻力更強的阻力帶來提高運動強度。

圖 10-4 胸部推舉

**胸部推舉**

加強胸肌，增加對胸部的支撐力，協助抱、舉的動作。

**預備**

身體站直，雙腳與臀部同寬，脊椎中立。將阻力帶繞過背部、腋下，雙手抓住兩端，手臂彎曲，手肘舉至與肩膀同高，手掌朝下。放鬆肩膀，確定手腕和前臂呈一直線。

**動作**

先吸氣準備，吐氣時腹橫肌用力，把手臂往前推，對齊肩膀。手肘稍微彎曲，手腕和前臂呈一直線，肩膀自然垂下。放鬆，回到開始的姿勢。全程保持自然的呼吸節奏。

**要領**

- 全程維持正確的正列姿勢。
- 手臂伸長時避免往背後的阻力帶後仰。
- 放鬆手臂時避免過度伸展脊椎。
- 手臂保持與肩同寬。
- 利用腹部力量放下胸廓。
- 肩胛骨全程保持垂下。
- 前臂和手腕維持一直線。

**替代動作**

也可以就躺臥姿勢往上舉啞鈴或體操棒。

圖 10-5　下拉

## 下拉

加強下斜方肌與背闊肌，改善駝背。

### 預備

身體站挺，雙腳與臀部同寬，脊椎中立。將雙手舉高，阻力帶握在身體前方，手臂張開與肩膀同寬。手在頭部前方往外、往上伸，手腕放鬆。身體重心放在中央，確定脊椎中立，將肩胛骨垂下。

### 動作

吸氣準備，吐氣時動員腹橫肌，將阻力帶往外、往下拉，阻力帶的中心點往胸骨移動，手肘往腰部彎曲。慢慢回到開始的姿勢，把注意力放在肩胛骨。維持自然的呼吸節奏。

### 要領

- 全程維持正確正列姿勢。
- 手臂往下時避免身體後仰。
- 手臂以半圓軌跡下拉上收。
- 肩胛骨垂下。
- 利用腹部力量放下胸廓。
- 手腕、前臂呈一直線。
- 注意力放在往上收的動作。

### 進階動作

只拉一邊，另一隻手仍舉在空中，可增加穩定肌群的負擔，來維持平衡和控制。

圖 10-6　二頭肌彎舉

## 啞鈴

### 二頭肌彎舉

加強二頭肌，協助舉、提的動作。

**預備**

身體站直，雙腳與臀部同寬，脊椎中立。一手握一個啞鈴，手臂放鬆垂在身體兩側，手掌朝內。檢查手腕和前臂是否呈一直線，肩胛骨自然垂下。膝蓋放軟。

**動作**

吸氣準備，吐氣時動員腹橫肌，將前臂朝肩膀的方向往上舉，舉起手臂時，前臂一邊旋轉，讓手掌朝內。出力控制，慢慢放下，同時旋轉前臂，使手掌朝內。手肘伸直，但不要鎖死。維持自然的呼吸節奏。

**要領**

- 身體挺直，全程保持正確正列姿勢。
- 手舉高時胸廓下放，避免後傾。
- 手肘緊貼身體兩側。
- 手肘下降時避免手肘鎖死。
- 手腕和前臂呈一條線。
- 避免握啞鈴握得過緊。
- 控制力道，慢慢做。

**替代動作**

可以坐在椅子上或重訓椅做這項運動，也可以跪著做。或者把阻力帶固定在雙腳下，雙腳

圖 10-7　改良版直立上提

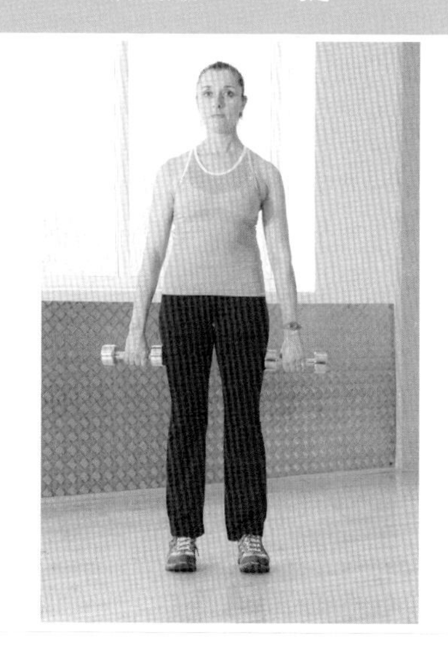

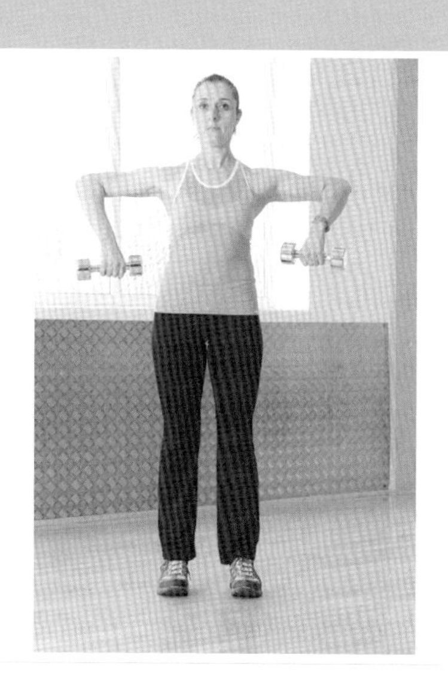

與臀部同寬。如果阻力帶太短，也可以單腳跪著，壓住阻力帶。把阻力帶兩端抓住，拇指朝上，前臂與地板平行。如果這樣太激烈，可以一次運動一隻手，把阻力帶拉得更長。

## 改良版直立上提

加強二頭肌和三角肌，幫助提、抱的動作。

### 預備

身體站直，雙腳與臀部同寬，脊椎中立。兩手各拿一個啞鈴，手勢向下，手掌朝後。手臂與肩膀同寬，檢查手腕是否與前臂呈一直線，肩胛骨自然垂下。膝蓋放軟。

### 動作

吸氣準備，吐氣時動員腹橫肌，將手臂舉起，手肘往外彎，直到雙手舉至下胸廓的高度。不要超過這個高度，否則會動用斜方肌，斜方肌因懷孕姿勢改變，已相當緊繃。接著，慢慢降下手臂，直到手伸直，但關節不要鎖死。維持自然的呼吸節奏。

### 要領

- 站挺，全程保持正確正列姿勢。
- 手臂往上舉時胸廓下放，避免後仰。
- 肩胛骨垂下。
- 舉起手臂時，手腕和前臂呈一直線。
- 握啞鈴時避免太過用力。
- 控制力道，慢慢做。

圖 10-8　啞鈴深蹲

#### 替代動作

同樣姿勢，改用阻力帶，將阻力帶踩在腳下。

### 啞鈴深蹲

加強臀肌、膕旁肌腱、四頭肌，幫助穩定腰薦骨盆、重新恢復正列、協助舉的動作。

#### 預備

身體站挺，雙腳與臀部同寬，脊椎中立。兩手各握一個啞鈴，手掌朝內，雙手放鬆垂在兩側。肩胛骨垂下，抬頭挺胸。

#### 動作

吸氣準備，吐氣時腹橫肌用力，彎曲膝蓋，上半身和下半身內彎，但脊椎保持中立。讓雙臂自然往膝蓋垂下。上身彎曲的角度不要超過 **90** 度。回到直立姿勢，膝蓋關節不鎖死。維持自然的呼吸節奏。

#### 要領

· 全程維持正確姿勢。

· 第一次反覆前，確定已經啟動腹部肌肉。

· 身體重心往腳踝移動。

· 彎腰往下時，延長脊椎，離開地板。

· 讓啞鈴的重量把肩膀往下拉。

· 直視前方，避免往下看。

· 膝蓋保持平行。

· 想像自己低下身子，準備要坐到一張椅子上面。

圖 10-9 三頭肌後屈伸

· 回到站姿時膝蓋和臀部要充分伸展。
· 控制力道，慢慢做。
· 可以先空手練習動作。

**【注意】**如果無法動員深層穩定肌，背部可能會受傷。

### 三頭肌後屈伸

加強三頭肌，幫助提、舉的動作。

**預備**

跪在地板上，脊椎保持正確正列，身體重量均勻分散在兩個膝蓋和一隻手。空出一隻手拿啞鈴，手掌朝內，彎曲手肘，上臂緊貼身體側邊。確定肩膀朝正前方，脊椎伸長。

**動作**

吸氣預備，吐氣時腹橫肌用力，前臂往後伸展。上臂固定，手腕和前臂呈一直線。彎曲手肘，回到原本姿勢，手肘舉高。維持自然的呼吸節奏。

**要領**

· 確定脊椎的姿勢正確再開始。
· 避免上半身扭轉。
· 上臂緊貼身體。
· 肩胛骨垂下。
· 維持手肘和前臂呈一直線。
· 控制力道，慢慢做。
· 先握拳空手練習，模擬正確的運動技巧。

**替代動作**

1. 將一邊膝蓋和支撐的手放在椅子上。
2. 以一腳在前，一腳在後做三頭肌後屈伸。

圖 10-10　單手上提

若下背部力量還沒恢復，做起來可能會疼痛。

**3.** 以阻力帶代替啞鈴，以支撐的手抓住阻力帶。阻力帶的長度會決定活動程度和阻力大小。如果阻力帶有手把，以空出的那隻手抓住手把，避免手腕扭曲。

**4.** 如果跪著讓胸部不舒服，用阻力帶站著做三頭肌伸展運動：阻力帶放在背後，一手在下背部的地方握住阻力帶，另一手手肘抬高，向後拉住阻力帶。如果阻力帶有手把，用舉高的那隻手以開放式握法（以手指扣住手把，而非緊握）握住阻力帶，避免手腕錯位。伸展手肘，將手臂往上伸，直到手臂伸直。以下方的那隻手確定下背部沒有移動。

### 單手上提

加強背闊肌、後三角肌、二頭肌、斜方肌，矯正姿勢，協助提、舉的動作。

**預備**

左膝跪在椅上，右腳踏地，膝蓋放軟，和左膝同高。左手放在椅子上、左膝的前方，與雙腳形成一個三角形。身體前傾，脊椎找到正列。右手握啞鈴，手掌朝內，手肘伸直，啞鈴下垂。肩膀垂下，和地板平行。

**動作**

吸氣準備，吐氣時動員腹橫肌，彎起手肘，將啞鈴往腋下提起，手臂緊貼身體。慢慢降下手臂，回到開始姿勢，維持正確的姿勢正列，重量平均分配到支撐身體的三個點。維持自然的呼吸節奏。

**要領**

- 開始前和運動全程需確定脊椎呈一直線。
- 避免上半身扭曲。
- 啞鈴貼近身體。

圖 10-11　啞鈴跨步蹲舉

- 手臂延伸時避免手肘關節鎖死。
- 肩膀保持垂下。
- 手腕和前臂呈一直線。
- 控制力道，慢慢做。
- 先空手練習動作，模擬正確的運動技巧。

**替代動作**

**1.** 同樣姿勢，但以阻力帶代替啞鈴，壓在撐地的那隻腳下。

**2.** 分腿站姿，阻力帶踩在前腳下，身體前傾。縮短阻力帶，讓阻力帶變緊，雙手同時舉起，上半身維持前傾，只有手臂動作。

**啞鈴跨步蹲舉**

加強臀肌和四頭肌，有助彎曲和舉起的動作。

**預備**

身體站挺，雙腳與臀部同寬，脊椎保持中立。兩手各握一個啞鈴，手掌朝內，手臂放鬆垂在身體兩側。向前跨一大步，雙腳寬度保持與臀部同寬，後腳腳跟離地。把重心放在兩腳之間，膝蓋放軟。肩胛骨自然垂下，抬頭挺胸。

**動作**

吸氣準備，吐氣時動員腹橫肌，雙膝彎曲，後腳膝蓋朝地板往下。身體重心保持在中間，確保膝蓋正列。回到站姿，脊椎保持中立，肩膀下垂。同一邊做完再換邊。維持自然呼吸。

**要領**

·在第一次反覆前確定腹部肌肉啟動。

·全程維持正確的正列姿勢。

·前腳膝蓋要在腳踝正上方，後腳膝蓋要在臀部下方。

·往下蹲時，脊椎要拉長，離開地板。

·回到站姿時，膝蓋充分伸展，不要鎖死。

·讓啞鈴的重量把肩膀往下拉。

·一直往前看，不要低頭往下看。

·控制力道，慢慢的做。

·先空手練習動作，培養正確的技巧。

·一開始活動角度不用太大，等肌肉力量更強時再慢慢加大。

**【注意】**這項運動算激烈運動，一開始反覆次數不必多。如果膝蓋覺得痛苦或不舒服，可以空手跨步蹲舉。

## 本章重點掃描

·對產後女性來說，增加肌力和肌耐力（尤其是上半身）非常有幫助。

·增加肌肉群有助減重。

·訓練目標應為姿勢肌，尤其是因懷孕而穩定性受到破壞的肌肉。另外還有提、舉動作運用到的重要肌肉。

·舉起重物時，鬆弛素殘留的效果可能會增加受傷風險。若哺育母乳，鬆弛素的效果會持續更久。

·腰薦骨盆穩定性恢復後才可開始阻力訓練。

·如果沒有穩定肌的支撐，舉重會增加骨盆器官脫垂的風險。

·挺立的姿勢和正確的呼吸節奏對啟動深層穩定肌很重要。

·禁止疲勞訓練，除非關節和腰薦骨盆穩定度已經恢復。

·禁止伐式操作，因為會增加腹部和骨盆底肌肉承受的壓力，伐式操作通常會發生在反覆快結束，肌肉疲乏時。

·避免關節過度伸展。

·正確的姿勢和運動技巧很重要。

·變換到躺臥姿勢時謹慎小心，可以避免腹凸，在變換姿勢時不可手持重量器材。

·哺乳婦女適合、可舒適使用的器材較少，為了舒適與安全，必須縮小關節活動度。

·前臂、手腕、手的疼痛可能會影響部分器

材的使用。

・固定阻力器材提供穩定的姿勢，且關節活動範圍已經固定。

・可攜式阻力器材可更有效重複關節動作，但需要良好的腰薦骨盆穩定度和技能。

・閉鎖鏈式運動比開放鏈式運動更適合產後女性。

・產後女性禁止使用壺鈴。

・振動訓練必須謹慎使用，且必須由經過訓練的老師指導。不適合尚在哺乳的媽媽。

・有經驗的媽媽重訓時建議使用產前運動的七成重量。

・沒有經驗的媽媽建議的運動強度是，最後一次 **12 ～ 20** 反覆時覺得稍微疲憊。

# Chapter 11 其他常見的健身課程

除了前幾章討論的運動課程，我們在本章將討論其他課程是否也適合產後的媽媽們。當然，不論哪種課程，老師的基礎知識與專業一定也是最重要的。

## 產後女性的專屬課程

### 適宜性

產後女性的專屬課程顯然很棒！但前提是老師有教授這種專門課程的資格！只要產後檢查沒問題，或剖腹產的媽媽產後 **8** ～ **10** 週後就能開始。雖然這種課程大概會吸引體型沒那麼健美，或是過去沒有運動經驗的媽媽，但是有規律運動習慣的人，也需要從基本運動開始，重新訓練腰薦骨盆的穩定度，恢復正確正列姿勢。此外，產後專屬課程還可以和其他媽媽交流的好處，對新手媽媽很有價值。

### 考量重點

產後專屬運動課程應該考慮到所有懷孕與生產對身體的衝擊，以及哺乳、關節、腰薦骨盆不穩定、姿勢改變的影響。動作應該簡單、容易跟上，重心放在活動無力的肌肉和伸展緊繃的肌肉，矯正因懷孕造成的身體變化。

絕大部分的重點應該是重新訓練腰薦骨盤的穩定性，矯正不佳的姿勢正列。所有的動作都應該適合產後女性，並準備其他可適時替換的姿勢或動作。

產後專屬運動課程在社交和情緒方面帶來的好處難以估算，可提供機會認識其他新手媽媽，分享剛成為母親的焦慮和擔憂。課程環境也毫無壓力，大多數的女性都很在意腹部肌肉鬆弛，且都想努力減掉懷孕增加的體重。

## 新兵訓練營

### 適宜性

室外健身課程越來越受到歡迎，在英國全國各個公園都出現「新兵訓練營」（**Boot Camps**）的健身課程。內容可能有所不同，但主要的共通點是火力全開的 **60** 分鐘運動，結合循環訓練（捲腹、開合跳、波比跳、伏地挺身）、跑步、團體賽，是種囊括所有運動、有競爭且有趣的運動課程。這類課程不適合產後女性，除非腰薦骨盆穩定性已經恢復、停止哺乳，且已在更有管控的環境中加強體能。

## 彼拉提斯

### 適宜性

彼拉提斯或許看來對產後女性頗為理想：是低衝擊運動，它的動作有所控制，且強調正確的關節正列，意在透過適當選擇的肌力和伸展運動來改善姿勢。

特別為產後女性開設，由合格產後彼拉提斯教練教導的課程值得推薦，但一般主流課程可能會引起較多疑慮。「流行」的彼拉提斯運動中，有很大部分包括阻力軀幹屈曲，並不適合大多數的產後女性，除非腰薦骨盆穩定性已經恢復。彼拉提斯可能會使得錯誤的肌肉運用更嚴重，增加脫垂風險。

### 考量重點

不管過去有沒有做過彼拉提斯的經驗，所有產後女性都該從基本的原則開始，別進展太快！媽咪們要學習動員腹橫肌，手部又不能緊抓或握住東西，對任何彼拉提斯新手來說都不容易，但產後女性還有另一項劣勢，就是局部穩定肌肉無力，以及收縮時機不正確。

選擇適合的低風險運動，並加入功能性運動很重要。俯臥姿勢可能會讓哺乳的媽媽胸部不適，必須加以調整。會拉長腹直肌的運動都不適合。所有運動開始時，記得要動員腹橫肌，但直到運動完成前都不需再作提醒。不斷提醒收縮腹橫肌，會造成過度收縮整體穩定肌群。

## 瑜伽

### 適宜性

和彼拉提斯一樣，只有授課者有教授產後瑜伽的專門資格、或媽媽參加的是產後瑜伽專門課程時才適合。有了適當的指引和指導，瑜伽對改善姿勢、幫助消化、解除肌肉緊繃、放鬆很有幫助。

所有瑜伽類別都源自於哈達瑜伽，哈達瑜伽包含了身、心、靈，是最簡單、最放鬆的瑜伽，也最適合產後女性。艾式瑜伽比哈達瑜伽嚴格，姿勢要維持較久，可能會讓產後女性覺得太過吃力。八肢瑜伽是進階版的瑜伽，需要有肌力、體力跟柔軟度。

### 考量重點

主要的疑慮是關節活動度和關節正列。在產後這段期間，禁止讓身體運動超過自然的活動角度，而且應適時調整。俯臥姿勢可能對哺乳的媽媽造成不適，也禁止做弓式等動作。

應該加入改良版的眼鏡蛇式，來減少關節活動度和避免伸展腹直肌，這個姿勢有助於打開胸口。旋轉骨盆的姿勢可能會對骶髂關節造成壓力，雙腿張開的站姿可能會讓恥骨聯合不舒服。雖然英雄式對伸展伸展緊繃的髖屈肌很有幫助，但股骨正列的改變可能讓膝蓋和骨盆不舒服。除非膝蓋穩定性已經恢復，否則應該避免蓮花式。做下犬式時，腳跟離地，膝蓋彎曲，對拉長脊椎伸展肌群很有幫助，不過胸部的重量可能會造成不適。

在產後前幾週，應先避免倒立的姿勢，且姿勢要經過調整，才能重新讓產後女性做這些姿勢。倒立姿勢能幫助靜脈回流、減少水腫，對重新訓練骨盆底肌肉也很有幫助。

## 伸展課程

### 適宜性

伸展對解除肌肉緊繃非常有幫助，選擇適合的伸展運動可以矯正不良姿勢。伸展運動平靜、容易掌控的特質或許也有助於減少情緒壓力，讓身體休息、放鬆。

### 考量重點

雖然我建議且推薦產後女性為了維持柔軟度做伸展運動，但在產後前幾個月，應避免為了增強柔軟度做伸展運動，如果哺餵母乳要等更久。鬆弛素增加導致結締組織改變，關節活動度更大，可能會造成韌帶過度伸展。

所有的伸展動作都要注意關節正列，以確保安全。骨盆帶疼痛且剛康復的婦女在伸展內收肌時也要格外注意，因為這些肌肉有可能極度緊繃。

有些坐在地上的姿勢可能會讓會陰不適，俯臥也會讓哺乳的媽媽覺得不舒服。產後不適合伸展腹部肌肉，產後腹部肌肉復元的重點在於縮短肌肉、讓肌肉回到正列。剖腹產的婦女伸展時若拉到腹部（如臀肌伸展或躺臥伸展），可能會感到不適。

## 全身健體課程

### 適宜性

這類課程含括了許多種類型的運動，常有稀奇古怪的名稱，但大多是不包括心肺運動的肌耐力訓練。

這種課程很受新手媽媽歡迎，因為通常會有針對腹部肌肉的運動，很多女性認為這樣可以讓腹部平坦。沒有高衝擊運動這點也很吸引人，媽媽主要擔心的是胸部不適和溢乳。這類課程也經常會運用小型的運動器材，例如啞鈴、阻力帶。

### 考量重點

關節正列和關節活動度照例是兩大重點，為的是避免關節承受壓力。使用阻力器材時，這些問題和腰薦骨盆的穩定度格外重要，變換姿勢時要特別注意骨盆和腹部。腹部運動的重點應在於正確收縮腹橫肌，運動進度應根據 **Chapter 3** 的指引。應避免阻力屈曲動作，應把焦點放在以更實際的方式動員腹部肌肉，例如站姿運動。

媽咪們俯臥趴地的姿勢會造成不適。部分運動可改以手肘和膝蓋撐地的姿勢，其他則以別的運動代替。坐在地上可能造成會陰不適，需要換個姿勢。

## 高／低衝擊有氧運動

**適宜性**

高衝擊有氧會讓關節、胸部、尤其是骨盆底肌肉承受壓力，因此不適合剛生產的媽媽。同樣的，步調快的低衝擊有氧加上激昂的音樂、效果不彰的教學也不適合！雖然低衝擊有氧應該比較安全，也可以達成同樣效果，但重點還是在於動作選擇、運動速度、動作執行，和老師的專業。

**考量重點**

要注意！會讓關節承受壓力的動作不一定都是跳動的動作，有些動作看似衝擊小，但只要做得不好，還是可能會對關節產生壓力。舉例來說，原地踏步時若用力踱步，關節承受的壓力和跳躍一樣大。身體重心往上，強調腳往上舉的動作可大幅減小衝擊。快速的屈膝動作可能會增加對骨盆底肌肉的衝擊力，會是媽咪們覺得最不舒服的動作。這類動作的速度應該降低一半，或是以其他動作取代。

要注意關節是否維持正列，也需要額外小心，避免關節動作過大。曾有骨盆帶疼痛的媽咪們需要減少橫跨步伐的大小，所有需要單腳站立的動作應該由臀部提供支撐。

變換方向的動作對改善骨質密度有幫助，但必須編排至固定的動作中；不過，不宜快速變換方向，因為會增加腳踝和膝蓋受傷的風險。

盡量保持正確直挺的姿勢，這有助動員深層穩定肌群。手臂往前的動作可能會讓上半身前彎，尤其是胸部很重的時候，手臂背在背後或高舉過頭時，背部可能過度伸展。手臂在背後的動作幅度減少，高舉過頭時往前伸一點，有助於矯正脊椎正列。

手臂大動作晃動或在胸前交叉，尤其伴隨著力道時，可能會造成溢奶。運動強度應維持在中等，並適當補充水分來維持母乳的質量。穿戴一（或兩件）有支撐力的胸罩可減少胸部晃動、把彈跳力道降到最小，也可能需要使用胸墊。鞋子合腳、有支撐力很重要，可充分吸收衝擊力、增加腳踝穩定性。

## 舞蹈運動

**適宜性**

舞蹈運動泛稱所有類型的舞蹈，有些比較適合產後女性，有些則不適合。舞蹈課程可加強協調能力、身體敏捷度、心肺健康，並燃燒多餘熱量，而且還非常有趣。

最近越來越受歡迎的拉丁美洲舞蹈和肚皮舞可能有傷害骨盆穩定性的疑慮。鋼管舞也包括骨盆動作，利用鋼管跳舞可能會讓哺乳的媽媽非常不舒服。

踢踏舞不適合還在哺乳的媽媽，也會降低腳踝穩定性，增加受傷風險。

**考量重點**

會造成骨盆動作過大的舞蹈類型應該等到關節和腰薦骨盆的穩定度恢復後才可開始。有些舞蹈（例如騷莎）對增加胸椎活動度特別有幫助，在穩定度恢復後是很適合的選擇。

骨盆帶疼痛還在復元的婦女要小心。舞蹈運動和許多活動一樣，音樂和氣氛會讓心情過於興奮，忘了運動技巧，可能會增加受傷風險。做這類運動時，胸部需要額外支撐。

## 踏板運動

**適宜性**

如果是等級適當的踏板運動，這種心肺運動是很有益的運動形式。踏步動作簡單、很容易就能跟上，對沒有運動經驗的人來說，可能比試圖跟上有氧運動的協調動作更有幫助。方向變換讓骨頭能夠以多種方式來承擔重量，有助增加骨質密度。

不過，踏板運動持續不間斷、不停重複的動作會引起一些疑慮，尤其是姿勢不良的時候。關節因結締組織改變、還未恢復穩定，正確的腳踝和膝蓋正列可避免的關節承受額外壓力。腳踝外翻的產後女性不鼓勵從事此類運動。骨盆帶疼痛還在復元的婦女不適合踏板運動。

**考量重點**

先檢查踏板動作，確定整個腳掌每次都正確踩在踏板上，腳踝獲得支撐，以免拐到。踩上踏板時，膝蓋應該伸直，但不要鎖死，骨盆應維持中立。舉起後腳時，背部容易自然拱起，脊椎特別容易受傷；上半身的重量應該向前調整，胸廓應放下，避免拱背。

踏板高度應考量到骨盆橫向搖晃的幅度，動作過大可能讓恥骨聯合和骶髂關節承受壓力，應該避免。側抬腿也不要抬太高，注意不要搖晃或扭轉骨盆。強而有力的動作的爆發性特質會增加關節、骨盆底肌肉、胸部承受的壓力。

必須全程保持正確直挺的姿勢來啟動深層穩定機群，也需要提供足夠支撐來將胸部的晃動降到最少。

若踏步運動持續超過 **40** 分鐘，對產後女性來說可能太吃力，必須加入動態休息，讓身體暫時休息一下。動態休息可以是簡單的踏步，或橫跨步，手臂暫時不做任何動作。

長時間的踏步運動不只會讓局部肌肉疲乏，也可能會影響專注力和協調能力，而增加受傷風險。

中等強度的運動加上適當水分攝取就不會影響母乳的質量。但要注意手臂運動過度可能造成溢奶。

## 室內腳踏車課程

### 適宜性

室內腳踏車是強烈的心肺與肌耐力運動，雖然強度可以自我控制，但團體課程能夠激勵個人士氣，鼓勵和其他人保持一樣速度，可能促使產後媽媽運動得太用力、太快。如此一來會影響哺乳和體力。重複的關節動作可能會造成膝蓋疼痛，前傾的姿勢可能使駝背更惡化。腳踏車的座墊會造成會陰不適，前傾姿勢會讓骨盆承受壓力。只有透過其他更適合的訓練方式，增進體適能後，才建議產後女性參加室內腳踏車的團體課程。

### 考量重點

和其他腳踏車運動一樣，坐姿對避免骨盆不必要運動、減少膝蓋承受壓力非常重要。舒服的座椅高度應該讓膝蓋能夠伸展，但不會鎖死，骨盆應該維持不動。座椅要夠前面，雙手抓住手把時，手肘能微微彎曲。兩個踏板在同個高度時，膝蓋骨應該在踏板中央的正上方。全力衝刺時要特別小心，只要一個閃神，踏板轉動的動力就可能會扭傷膝蓋。前傾的姿勢可能會造成胸部不適，運動前應先將乳汁排空。只要還在哺乳，關節就會有受傷風險。

## 阻力運動

### 適宜性

高重複性的低阻力重量訓練同樣可推薦給產後的媽咪們，不過，健身房的環境就不見得如此適合。儘管隨著音樂運動可鼓勵正確的舉重技巧、增加肌耐力，但也會引發一些疑慮。腰薦骨盆不穩定會減少脊椎支撐，增加骨盆底肌肉的壓力。綜合這些因素，還有產後姿勢改變、關節不穩定，阻力運動因此並不適合產後想恢復運動的女性。

### 考量重點

音樂可以加強動作，如果再加上阻力，對產後女性來說會造成更大的風險。音樂決定課程步調，加上運動力道，決定了反覆數和運動速度。產後因結締組織改變，關節較不穩定，因此必須要有正確運動技巧、教練也要密切觀察。然而，許多教練有時因動作緊湊，因此採用「跟著我一起做」的教學方式，無法觀察每個人運動姿勢。速度變化可以產生對比、讓運動更有動感，但動作太快可能會導致關節過度伸展，或運動技巧運用不當。即使使用最輕的阻力，針對特定肌群的 **5** 分鐘運動也可能導致肌肉提早疲乏，無法正確使用運動技巧。

在躺入或離開重訓椅時，鬆弛無力的腹部肌肉最容易受到傷害。拿著槓鈴時更會讓腹部肌肉承受巨大壓力，也可能會傷到背部。這種姿勢轉換時，可能會造成腹凸。胸部變得豐滿也會減少關節活動度，在上博（**clean**）動作時改變身體正列。

## 武術運動課程

### 適宜性

武術是強而有力又充滿活力的運動，要跟好指導節奏，只適合產後已過 **6** 個月的媽媽，哺乳期媽媽需要等更久。室內武術充滿爆發力、動作敏捷，腰薦骨盆要非常穩定才能維持正確姿勢正列，快速出擊的動作可能增加過度延展或關節錯位風險，危害關節穩定性。

雖然活動度和速度可以自我控制，但音樂和團體間的氣氛會激勵運動的人更用力，我認為超出了產後女性適合的強度。

### 考量重點

有經驗的媽媽只要腰薦骨盆穩定度恢復，停止哺乳後就能開始這項運動。

## 本章重點掃描

．若有教授產後女性的合格老師指導，建議可參加專為產後女性開設的運動課程。除了適合的課程結構和內容，這類課程還提供重要的社交好處。

．所有主流課程的適宜性都應考量產後關節和腰薦骨盆的穩定度、姿勢改變、以及哺乳所造成的影響。

．產後女性不適合參加「新兵訓練營」運動課程。

．除非老師可提供適合產後女性的替代動作，主流的彼拉提斯和瑜伽才適合產後女性。

．伸展課程有助減少肌肉緊繃，但要避免發展式伸展。

．全身健體課程應該包括適當的腹部運動。

．高衝擊有氧不適合產後女性，低衝擊有氧較為恰當，但需注意關節和骨盆。

．以舞蹈為基礎的運動，若有過大的骨盆動作時應小心謹慎。

．若關節和腰薦骨盆穩定性已經改善，騷莎課程或許有助增加胸腔活動度。

．適當強度的踏步訓練或許對產後女性有幫助，不過也要考慮到重複性的關節動作。

．除非體適能恢復、姿勢矯正完成，否則不宜上室內腳踏車課程。

．除非關節和腰薦骨盆穩定度改善，否則團體阻力課程和武術課程不適合產後女性。

# Chapter 12 水中運動

## 產後做水中運動的好處

‧減少關節壓力：水中運動一大好處是減少關節承受身體重量的壓力。懷孕時造成結締組織變化和體重增加，破壞了骨頭穩定度，在水中則可獲得支撐。

‧增加血液循環：水對血管施加的壓力可刺激血液循環，並增加心搏血量（每次心臟收縮時運送的血液量）。這也導致水中運動的心跳率會低於陸地運動的心跳率；血液循環改善也有助解除便秘。

‧增加靜脈迴流：水壓可以讓血液更有效地回流，避免血液滯留在雙腿，對改善靜脈曲張相當有幫助。

‧增加尿液排出：血液循環增加可改善通往腎臟的血液流動，也增加尿液排出，有助於排出懷孕時滯留體內的多餘水分。

‧減少水腫：把滯留的水分逼出組織，進入循環中。這對骨盆底修復特別有幫助。

‧減少肌肉疼痛：水中運動主要是向心的肌肉運動（這項原則在使用浮力器材時則會有所改變）。肌肉疼痛通常是離心運動所造成的，因此水中運動的後作用通常會比在陸地運動來得小。

‧舒緩、平靜心情的效果：水對幫助產後恢復來說非常有療效。身體動作變慢，加上水的按摩效果，讓人感到沉靜和放鬆，效果可以持續到運動結束之後。

## 懷孕與分娩的影響

### 關節

泡進水深及胸的水中時，重力的影響會減少八成。這種緩衝效果可以讓關節活動度更大，動作卻會因為水的阻力慢下來，但即使活動度增加，關節受傷的機率也會比較小。水深及腰時，重力只減少五成，若有跳動或上半身有大動作時，會影響到關節和胸部承受的壓力。

### 腹部

腹部肌肉在腰薦骨盆穩定度中扮演關鍵角色。腹橫肌是局部穩定肌群的一部分，只需出一點點力就能維持對脊椎動作的掌控，但在水裡時，肌肉負荷增加，整體穩定肌群（外斜肌／內斜肌）或甚至驅動肌（腹直肌）也必須出手相助。水越深，肌肉負荷就越大。浮力越大，這些大肌肉就必須穩定軀幹，這樣手臂和雙腳在動時，身體才不會朝相反方向移動。上團體課程時，水流更大，腹部肌肉負荷增加。

雖然這種運動肌肉的方式很有效率，但一開始時必須小心不要過度。可以先在較淺的地方運動，以分腳站姿保持靜態，可減少腹部肌肉的負荷。直立的正列姿勢有助啟動局部穩定肌群，也能確定腹部肌肉同時運作，穩定白線。若腹部肌肉分離寬度超過兩指寬，切記不可做出強力扭轉軀幹的動作。

### 骨盆底

因為水中有浮力，骨盆底受傷風險大幅減少。地心引力的拉力減少，骨盆底肌肉運用更輕鬆，所以如果無法在陸地上運動骨盆，在水中運動是很好的替代方式。

水對會陰施加的壓力可以分散體內滯留的水分，減少會陰切開術的傷口或撕裂傷的腫脹，加速痊癒速度。要提醒的是，在水中運動會使得尿液增加，可能得多跑幾次廁所。

### 胸部

不管做哪種水中運動，胸部都要獲得足夠支撐，避免鬆弛或過度伸展。許多泳衣並沒有鋼圈的額外支撐，沉重的胸部可能只靠著一層被撐開的布料包覆。產後女性或許需要在泳衣下多穿一層內衣來減少彈跳。胸部一直在水面下時較不危險，但如果在水面上，細緻的胸部組織和在陸地上運動時一樣脆弱。即使有適當支撐，跳動時水的拉力也會讓胸部很不舒服。水深及腰時，應雙腳張開，彎曲膝蓋，不只讓胸部可以泡在水裡，也能讓手臂更穩定，運動效果更佳。

還是建議運動前將乳汁排空，但若手臂活力十足的大動作運動，還是可能會溢乳。在較高溫的水裡運動會促進乳汁分泌。

## 考量重點

### 水的阻力

水的阻力是空氣阻力的 **12** 倍大，身體泡在水中時，阻力從四面八方來。表面面積越大，阻力也就越大，所以，在水中直立行走時，面對的阻力會比身體平浮水中游泳時更大。團體運動會製造水流，增加水的阻力，讓活動非常吃力。肌肉負荷的強度決定在身體出多少力，身體越用力，肌肉負荷就越大。速度加快會增加運動強度，所以快動作持續不久，應該穿插一些較慢的動作。間歇訓練在產後女性想恢復運動習慣時，特別有幫助，課程剛開始時，吃力的部分可以短一些，課程的運動強度多在中等階段。

### 水溫

如果運動不會太過激烈，建議水溫為攝氏 **29** 度左右。較溫暖的水可以增加肌肉彈性，幫助身體放鬆，但也可能刺激乳汁溢出。

水溫過高可能會導致身體過熱、脫水。水溫過低可能會造成血管收縮，血液離開肌膚表面，以維持身體的核心溫度。由於身體在水中時，降溫的速度比在空氣中快 **4** 倍，所以要注意課程的長度與內容，避免在水中等待太久。

### 泳池深度

泳池深度和運動安全與效果有關。在水深及胸的水裡運動，關節、胸部和骨盆底都獲得支撐，可大幅減少受傷風險與不適，如果手臂也泡在水裡，上半身也有阻力，因此比水深及腰的運動更有效。如果水只到腰部，建議雙腳張開，膝蓋彎曲，讓胸部在水面下。

### 何時可以開始運動？

惡露停止後就可開始溫和的游泳運動，時間點可能在產後 **3** ～ **5** 週之間。其他更活躍的水中運動應該等到產後檢查沒問題後再開始。

## 淺水運動

#### 適宜性

淺水運動是指在水深到胸口或胸口以下的水中運動。這項運動相當受到歡迎，要跟著音樂一起律動，和陸地上跟著音樂運動的課程類似，只是速度慢一點。

#### 考量重點

適合的水深對對保護關節安全、胸部舒適度與運動效果很重要。雖然水深到胸部最好，但即使在高度只到腰際的水中運動，只要雙腳張開、膝蓋彎曲，也能安全運動又能達到運動效果。團體運動會增加水流，使得阻力和肌肉負荷更大；穩定肌群必須更用力來保持平衡，另外也要衡量腹部肌肉支撐身體時的負荷。若腹直肌仍分離，應避免強力的身體扭轉動作。

方向變換減到最少，若需變換方向，應及早提醒學生。使用間隔休息，規律地加入有節奏、流暢的動作來避免運動過度。避免衝出水面的爆發性動作。腰薦骨盆穩定度夠好的話，可更進一步使用手蹼、浮板、夾腳、手臂圈來增加阻力。

## 深水運動

#### 適宜性

深水運動不適合產後女性，因為在深水中必須由腹部的肌肉組織來穩定身體。產後女性應等到腰薦骨盆穩定性和腹部肌群肌力恢復再開始此類運動。若有浮力器材協助，深水運動是很理想的放鬆方式。

## 游泳

### 適宜性

游泳是很棒的產後運動，不僅對心肺健康有益，對局部穩定肌群也有幫助。游泳速度維持中等、時間拉長，有助消耗多餘熱量，幫助減重。溫和的游泳運動特別有放鬆效果，有韻律感的滑水動作、無重力的感覺、輕柔低沉的水聲所帶來的療癒效果，是其他的運動所無法替代的。

### 考量重點

儘管水有支撐效果，但頭部高過水面的俯臥姿勢會增加頸椎承受的壓力。這種姿勢會造成臀部下沉，腰椎前凸惡化。頭部朝下可重新調整身體正列，讓身體能在水裡游得更快。骨盆帶疼痛仍在復元的婦女游蛙式和仰式時要小心。有限度的關節活動度有助放鬆緊繃的內收肌，應多加鼓勵。

圖 12-1　不正確的游泳姿勢

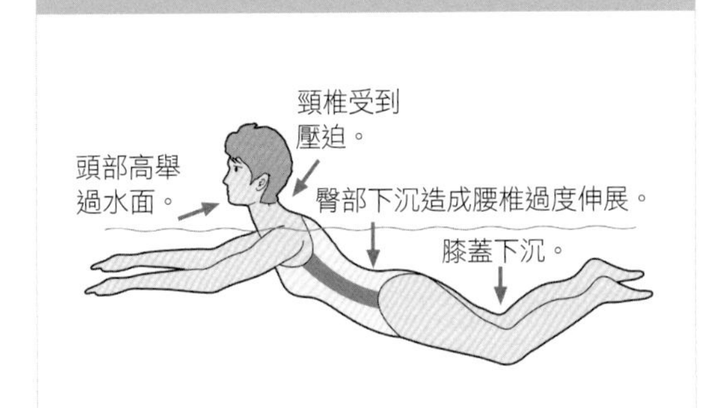


## 本章重點掃描

- 水中運動對關節和循環特別有益。
- 承擔身體重量的關節所承擔的壓力減少。
- 水深及胸時，身體重量可減少 **80**%。
- 水深及腰時，身體重量可減少 **50**%。
- 水的壓力可刺激血液循環，改善多項產後問題。
- 惡露排完即可開始溫和的游泳運動，更活躍的運動應等到產後檢查沒問題後才可開始。
- 在水中運動骨盆底肌肉，對肌肉復健特別有益。
- 適當的胸部支撐有必要，建議在泳衣下穿一件胸罩。
- 胸部若沒有泡在水中會有風險，如果水深只到腰際，應彎曲膝蓋，讓身體變低。
- 在水中時，腹部肌肉必須用力穩定身體。
- 深水和水流會增加肌肉負荷。
- 建議加入間歇訓練，避免腹部的肌肉運動過度。
- 若腹部肌肉仍分離，應避免大動作地扭動身軀。
- 肌肉負荷強度是由身體出多少力決定。
- 除非腰薦骨盆穩定性和腹部穩定肌群的肌力恢復，否則不宜從事深水運動。
- 游泳對心肺和局部穩定肌有莫大好處。
- 如果頭抬得太高，頸椎和腰椎可能會過度伸展。

# Chapter 13 媽媽如何放輕鬆？

除了規律運動，新手媽媽的生活也不可缺少了放鬆和休息。

## 為什麼放鬆這麼重要？

寶寶的誕生讓媽媽的情緒和體力都面臨巨大負荷，除非有足夠時間來補充精力，否則媽媽會越來越緊繃、疲憊，導致壓力增加。

## 壓力

不管是面臨真正的危險，需要立即且明快的反應；亦或發生一連串的問題，導致壓力逐漸升高，壓力都是對身體的威脅。身體面對壓力時會做出許多改變，來為即將來臨的「衝突」做準備。可惜的是，我們無法分辨真正的危險和情緒壓力，所以如果情況或威脅不需要身體做出逃走等反應，身體也無法分散壓力。持續性的壓力會讓肌肉一直處於「準備好」的狀態，造成身體疲憊。

### 產後壓力

每個人每天都會有壓力，但寶寶的到來會加重身體和情緒上的壓力。

**身體壓力**

- 睡眠不足造成的疲憊
- 胸部沈重、疼痛
- 會陰疼痛
- 便秘
- 關節疼痛
- 姿勢改變造成肌肉緊張
- 體力減少

**情緒壓力**

- 無法安撫寶寶
- 寶寶哭很久
- 擔心寶寶吃不飽
- 沒時間做其他事
- 穿不回原本的衣服
- 覺得失去獨立性
- 覺得自己不夠好
- 覺得孤獨

### 身體承受壓力時會發生什麼事？

身體受到刺激，而且會反應在姿勢上。

- 頭部和身體往前傾
- 肩膀聳高
- 手肘彎曲，貼近身體

・握拳

・（坐著時）雙腿交叉，腳踝彎曲

・下巴緊縮，咬牙切齒

面對壓力時，生理也會有所變化：心跳、血壓、呼吸速度增加，血液離開肌膚表層消化系統、肺部、骨骼肌肉準備好動作，嘴巴乾燥，排汗增加。

一旦問題處理好了，身體會恢復正常，不會造成傷害。不過，如果壓力持續，身體會持續受到刺激，壓力就會開始顯現，導致緊張、沮喪、疲憊。

### 處理壓力

處理壓力的第一個步驟是承認壓力。壓力是逐漸累積，層層堆疊，身體忘了平靜和安逸的感覺。如果能找出造成壓力的原因，問題就比較容易解決。然而，雖然壓力通常是由許多小因素累積而成，但也會突然升高。產後女性需要他人提醒，知道自己也有極限，覺得沒辦法應付時要坦率承認。

## 暫停、放鬆

休息很重要。雖然媽媽會覺得很不妥、覺得好像在放縱自己，但還是該盡可能多把握休息的機會。少了媽媽的緊盯，另一半或許更能享受和寶寶在一起的時光。儘管媽媽可能會叮嚀很多事情，但另一半大多能處理得非常好。只

圖 13-1

要媽媽能夠接受其他人照顧寶寶的方式可能有所不同，就該鼓勵媽媽多多接受其他人的幫忙。如果媽媽會擔心，心情可能更焦慮，不會因為有人幫忙而覺得放鬆。休息不一定要離開家裡，可以分配一段時間待在家中，做自己想做的事情，這樣或許是適當的選擇。建議媽媽要讓自己有一段放鬆的時間。

### 放鬆的方法

放鬆的很多方式，下列三種最普遍：

・對比放鬆法：需要收縮和放鬆全身所有大肌群。不過，假使肌肉已經很緊繃，就無法放鬆，仍會維持在稍微收縮的狀態。

・觀想或想像：選擇一幅喜歡的畫面，刺激正面的思考與感覺。不過，因為只是心理的想像，不會影響肌肉。然而，如果想到的是不好的經驗，可能會引起情緒緊張。

·生理放鬆：（又稱為米契爾放鬆法）因為技巧簡單，是經常傳授給產前女性的放鬆法，也最適合持續到產後。這種放鬆法是根據「交互抑制」的原理，例如：肌肉是成雙成對的動作，一塊肌肉放鬆，相反的另一塊肌肉才能收縮。下文會解釋這種放鬆法的過程和順序。

### 什麼時候最適合放鬆？

答案很簡單，任何適合的時機都可以！餵完奶，寶寶小睡時可空出時間。或者，如果寶寶喝奶的情況良好，也不必注意身邊的大小孩，餵奶時也可試著暫時放鬆一下。

雖然不比獨自放鬆有效，但如果能用舒服、獲得足夠支撐的姿勢休息，多多少少能讓人放鬆一點。學會放鬆，身體可以更快解放。這也代表能運用更多機會，在適當時機稍微休息 **5** 分鐘。

### 哪裡是最適合放鬆的地方？

不管是坐在桌邊抱著頭，躺在床上或地上，坐在一張舒服、有支撐力的椅子上，可以用舒服姿勢休息的地方就是最好的地方。如果躺下，可以在頭底下墊個墊子或枕頭來支撐頸部，或在大腿底下放墊子或枕頭，讓背部舒服一些。

### 準備放鬆

穿著溫暖、舒適、沒有拘束的衣服很重要。墊子和枕頭在必要時可以用來支撐身體，需要的話也可準備一條毯子放在旁邊。身體進入放鬆姿勢時，讓身體沉入這些支撐物之中。

## 米契爾放鬆法

身體緊張會造成姿勢改變，這種放鬆法是一整套程序，讓身體的每個關節朝緊張姿勢的相反方向移動，拉長造成緊張的肌肉，接著下「停止」的指令，感受一下新姿勢。這樣可以讓神經有時間記住改變，讓身體更容易想起放鬆的姿勢。

### 應該用什麼姿勢

以躺臥姿勢就能獲得大多數好處，需要的話用墊子撐著頭部，一小條毛巾捲起放在背部底下。不過，任何舒服、獲得足夠支撐的姿勢其實都可以，只是老師的指導就要做些調整。

### 放鬆順序

建議按照以下固定順序做每個關節的動作。以下指引是根據米契爾博士的研究改編。

#### 手臂

**肩膀**

- 肩膀放低，遠離耳朵。
- 停止動作。
- 感受肩膀放低和脖子拉長。

**手肘**

・手肘遠離身體。

・停止動作。

・感覺手肘張開、離身體很遠。

**手**

・張開十根手指。

・停止動作。

・感受手、手指完全受到支撐，注意指尖底下的表面。

**腿**

**臀部**

・臀部往外翹。

・停止動作。

・感覺雙腿稍微分開，向外翻轉。

**膝蓋**

・動動膝蓋，讓膝蓋處於舒服的姿勢。

・停止動作。

・注意膝蓋的新姿勢。

**雙腳**

・彎曲雙腳，讓腳拇趾朝臉。

・停止動作。

・感受雙腳鬆鬆的掛在腳踝上。

**身體**

・將身體壓在支撐物上。

・停止動作。

・感受身體壓在支撐物上的壓力。

**頭部**

・讓頭部壓在枕頭／支撐物上。

・停止動作。

・感受枕頭支撐著頭部。

**臉**

**下巴**

・雙唇閉起，下巴往下拉。

・停止動作。

・感受牙齒分開，雙唇輕輕的貼在一起。

**舌頭**

・將舌頭移往嘴巴中間。

・停止動作。

・感受舌尖碰觸下排牙齒。

**眼睛**

・（若還未閉起雙眼）閉起眼睛。

・感受黑暗。

**前額**

・眉毛往髮際線揚起。

・停止動作。

・感覺肌膚變得平滑，頭髮移動。

**呼吸**

．深深吸口氣。

．感覺肋骨往外推。

．輕鬆吐氣。

完成這些步驟後，以較快的速度再重複一次，最後維持放鬆的姿勢，越久越好。

## 甦醒

放鬆結束後：

．維持原本姿勢，張開雙眼。

．想一想一下新的姿勢。

．慢慢的轉動手腕和腳踝。

．手臂高舉到頭部上方，然後放下。

．雙腿分開，然後回到原本姿勢。

．雙手和雙腳同時舉起和分開，然後回到原本姿勢。

．屈膝，一次一隻腳，腳掌平貼地板。

．小心地讓身體側躺，停留一下。

．準備好起身時，慢慢用手將自己身體推起來，進入坐姿。

．拉長脊椎，坐挺。

．如果時間允許的話，維持舒服的坐姿，做以下動作，重新驅動肌肉。

**轉動肩膀**

．以大動作、誇大的方式用肩膀畫圓（往前、往上、往後、往下）。

．脊椎伸長，身體其他部位不動。

．視需要增加動作次數。

**頸部活動**

．拉長脊椎，肩胛骨放下。

．頭慢慢往側邊歪（耳朵貼肩膀）。

．先暫停，讓頭部回到原本姿勢。

．視需要增加動作次數。

**側彎**

．脊椎拉長。

．側身慢慢彎曲，手放在地板上當支撐。

．回到原本姿勢，脊椎拉長。

．做完換邊，並視需要增加動作次數。

**脊椎活動**

．拱起背部，肩膀和手臂慢慢往前，手臂約舉至胸部高度。

．手臂向側邊打開，提高和拉長身體，肩胛骨自然垂下。

．感覺胸口打開，脊椎拉長。

．胸廓下放，避免拱背。

．視需要增加動作次數。

**向上伸展**

．將一隻手放在臀部旁。

．另一隻手的手臂舉高，向天花板延伸。

．身體重心稍微往前。

．身體側邊延伸。

・手臂放下，身體仍提高、直挺。

・做完換另一邊，並視需要增加動作次數。

### 起身

從坐姿換為跪姿，輕輕收起小腹，從臀部撐起，來到站立姿勢。

## 完整放鬆運動的時間限制

若時間和環境無法讓你每次都完成完整的放鬆運動，可改做短版放鬆法。短版適合坐在椅子上，利用 **5** 分鐘的休息時間做。

### 短版放鬆法

按照同樣的順序走一遍，不過把每個部位的最後一個姿勢當成唯一的動作，要慢慢地做，身體才會有適當反應。如果能夠規律練習放鬆的技巧，身體就能輕鬆適應新姿勢。一天做一次放鬆運動有助於解除每天的緊張，讓一切事情更容易處理。

## 本章重點掃描

・放鬆是抵消壓力對身體影響的必要運動。

・身體和情緒因素都會增加肌肉緊張。

・長期壓力會造成身體疲憊。

・新手媽媽需要暫停和放鬆。

・要鼓勵女性誠實面對自己，承認自己也有應付不來的時候。

・利用每次機會，稍微休息 **5** 分鐘。

・教導身體如何放鬆。

# 附錄 加碼小叮嚀

## 腹部與背部照護

### 轉換姿勢

雖然運動時要小心並注意正確的運動技巧，但轉換姿勢時也需要清楚的指引。

#### 站姿到坐姿

屈膝前先動員腹橫肌，利用腿部的大肌肉，將一邊膝蓋跪到地上，接著另一個膝蓋也跪下，雙手撐地成四足跪姿。身體朝一側坐下，轉身進入坐姿，膝蓋和雙腳呈一直線。

#### 從坐姿到臥姿

一定要先側躺再平躺。膝蓋和雙腳呈一直線，雙腿和身體軀幹同時翻到同一側。如果腿先側翻再轉上半身，會扭曲下背部，拉扯骶髂關節。

#### 從臥姿回到坐姿

膝蓋和雙腳呈一直線，將雙腿和身體同時翻到同一側，利用手臂推地的力量坐起。

#### 從坐姿到站姿

從坐姿將身體往一邊側，讓手和膝蓋承受身體重量，進入跪姿。雙手一步步往膝蓋移動，並舉起上半身，形成上半身直挺的跪姿。一腳往前跨，腳掌平貼地板上，利用往前的力道提起身體站起來，避免用手推前腳大腿。

圖 1　從站姿安全轉換到臥姿

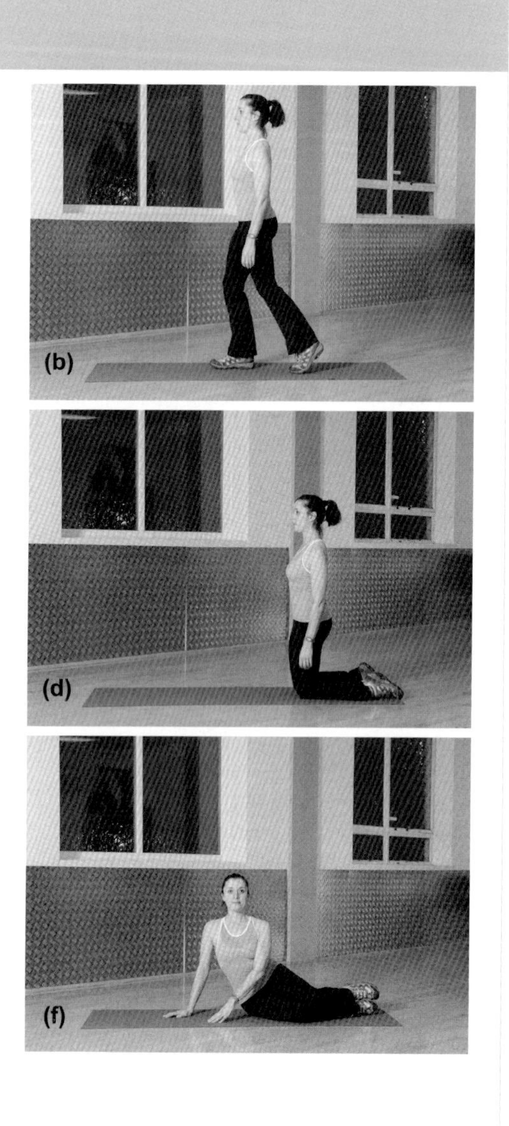

## 生活習慣建議

### 上下床

・坐在床邊，雙腳平放在地板上。

・側躺在床上，雙腳抬到床上。

・全身一起動作，慢慢地從側躺轉為背部朝下，膝蓋和雙腳維持一直線。

・下床動作和上床動作順序相反。

・避免直接從躺姿變為坐姿，會讓腹部肌肉和脊椎承受壓力。

### 泡澡時從躺姿坐起

如果可以的話，可先翻身側躺，不過，如果空間有限，可先收縮腹橫肌，並利用手臂肌肉撐起身體變成坐姿。

### 站姿抱寶寶

站著抱寶寶、讓寶寶靠在一邊肩膀時，媽媽的身體經常會稍微向後傾來固定寶寶的姿勢，尤其在寶寶頸部還無法支撐頭部時。長時間保持這種姿勢，會讓腰椎過度伸展、承受壓力，導致背痛。站著時，要確定保持正列姿勢，脊椎中立，胸廓放下。讓小寶寶跨在臀部會讓屁股一邊翹起，扭曲脊椎正列，導致恥骨聯合和骶髂關節承受壓力。臀部兩側保持同高，支撐力或許沒那麼好，但對骨盆而言安全不少。

**圖 2　抱著寶寶時的站姿對照**

不正確站姿（寶寶雙腿橫跨媽媽臀部）

正確站姿

### 哺乳姿勢

無論是親餵或瓶餵，坐姿和站姿一樣重要，因為一天坐著餵奶的時間可能長達好幾小時！小心頹坐式的坐姿會讓深層穩定肌群停止運作的；前傾式坐姿則導致背部與頸部疼痛。媽媽可遵守以下原則：

・選擇一張可以坐得直挺的椅子，太軟、內陷像個桶子的椅子不適合。

・往後坐進椅子裡，脊椎才能獲得支撐。

・在腰背部放椅墊，坐挺。

・腳踩在凳子或書堆上，提高膝蓋高度。

・讓寶寶躺在枕頭上，更貼近媽媽身體。

維持正確的坐姿可能非常困難，特別是親餵又不簡單。如果寶寶含乳不太順利，改變姿勢又怕干擾哺乳，媽媽就不得不以錯誤姿勢繼續哺乳，因此應避免一開始就以錯誤姿勢哺乳。

圖 3　正確的哺乳姿勢

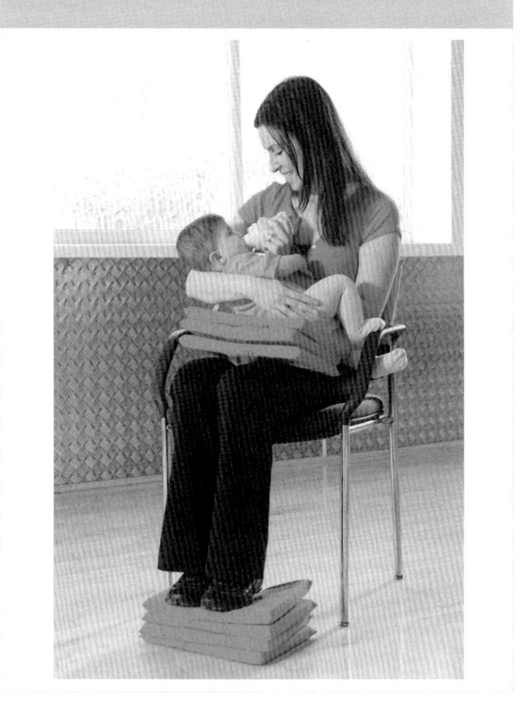

### 替寶寶洗澡

無論如何要避免抬起、放下放滿水、沈重無比的寶寶浴盆。選擇可以放在大人浴缸的浴盆，可在原地蓄水、排水，媽媽也可跪在旁邊替寶寶洗澡。寶寶還小時，可以用洗手臺代替寶寶浴盆。洗澡椅適合較大的寶寶。

### 替寶寶換尿布

・可以的話，利用高度與腰部差不多的尿布台，避免彎腰駝背。

・另一個方法是，跪在床邊，不過膝蓋的負擔會相當大。

・把所有需要的用品都放在前面或側邊，避免向後轉身。

### 抱寶寶

如果要長時間抱著寶寶，最好是用背巾把寶寶背在身體前方，位置越高越好，避免媽媽身體後傾。背著寶寶逛街時，最好讓重量平均分配在每個袋子上，彎腰拿東西或放下東西時記得動員腹橫肌。或也可背個背包。如果只是短時間抱寶寶，兩邊手臂都要出力，並經常換邊。抱寶寶是很好的上半身肌耐力訓練，不過兩邊都要同等運動到。一定要保持直挺的姿勢。

圖 4 彎腰抱起寶寶

**彎腰抱起寶寶**

圖 **8-17** 的弓箭步下蹲旨在訓練媽媽能夠彎腰並以正確姿勢抱起寶寶。站著時腳步稍微一前一後，身體保持直挺的正確姿勢。動員腹橫肌，後腳腳跟提起，兩邊膝蓋彎曲，臀部以上的身體向前傾。屁股往下，朝後腳跟移動，手臂前伸碰到前面的地板來抱寶寶。骨盆底肌肉和臀部肌群拉緊，利用臀部力量站起來，同時將寶寶貼近身體。維持自然的呼吸節奏。

## 運動自覺量表

「運動自覺量表」是從主觀方式評估運動強度，以個人感受來評比身體運動的程度，而產後女性建議的強度在 **4** ～ **6** 之間。

| 表 1 | 運動自覺量表 |
|---|---|
| 運動自覺 | 強度 |
| 沒有感覺／放鬆 | 0 |
| 非常非常輕鬆／沒問題 | 1 |
| 非常輕鬆／很簡單 | 2 |
| 相當輕鬆／簡單 | 3 |
| 中等／開始覺得喘 | 4 |
| 相當困難／覺得有點喘 | 5 |
| 困難／覺得喘 | 6 |
| 很難／疲累 | 7 |
| 非常非常難／非常累 | 8 |
| 體力耗盡／喘不過氣／精疲力盡 | 9 |
| 已達極限／精力耗盡 | 10 |

國家圖書館出版品預行編目資料

英國王妃也在用！：產後身體調校全書／茱蒂．迪佛雷（Judy DiFiore）著；賴孟怡,王怡璇,陳維真 譯. -- 初版. -- 臺北市：如何,2014.6
224面；19×23公分. --（Happy body；136）
ISBN 978-986-136-391-2（平裝）
1.產後照護 2.運動健康 3.塑身
429.13 103007359

The Eurasian Publishing Group
圓神出版事業機構
用心與你對話．視野無限寬廣
如何出版社
Solutions Publishing

http://www.booklife.com.tw inquiries@mail.eurasian.com.tw

Happy Body 136

# 英國王妃也在用！產後身體調校全書

The Complete Guide to Postnatal Fitness

作　　者／茱蒂．迪佛雷（Judy DiFiore）
譯　　者／賴孟怡．王怡璇．陳維真
發 行 人／簡志忠
出 版 者／如何出版社有限公司
地　　址／台北市南京東路四段50號6樓之1
電　　話／（02）2579-6600．2579-8800．2570-3939
傳　　真／（02）2579-0338．2577-3220．2570-3636
郵撥帳號／ 19423086　如何出版社有限公司
總 編 輯／陳秋月
主　　編／林欣儀
責任編輯／郭純靜
美術編輯／黃一涵
行銷企畫／吳幸芳．涂姿宇
印務統籌／林永潔
監　　印／高榮祥
校　　對／林欣儀．郭純靜
排　　版／杜易蓉
經 銷 商／叩應股份有限公司
法律顧問／圓神出版事業機構法律顧問　蕭雄淋律師
印　　刷／龍岡數位文化股份有限公司
2014年6月　初版



定價370元　ISBN 978-986-136-391-2